U0317596

山西雷电活动规律及防御

张华明　钱勇　李强　李治　邱贵强 等　著

内容简介

本书对山西不同定位系统获得的闪电数据进行了对比分析，进而对其探测效率和精度进行了评估，详细阐述了雷暴日、雷电流、时空分布等闪电活动特征；利用统计方法分析了雷暴天气产生的环境场参数特征，探索了雷暴天气预警的应用研究；利用雷电灾害数据对各行业的雷电灾害分布规律进行了统计分析，并给出了应对措施，同时给出了煤矿、石化等防雷重点行业较大危险因素的辨识和防范方法；探讨了多源气象资料在森林雷击辨识中的应用，对山西雷击森林火灾风险进行了评估与区划；建立了防雷重点单位防雷能力评价指标体系，基于评价指标提升重点单位防雷能力。该书可供雷电灾害防御管理与技术人员参考。

图书在版编目（CIP）数据

山西雷电活动规律及防御 / 张华明等著. -- 北京 : 气象出版社, 2024. 10. -- ISBN 978-7-5029-8329-1

Ⅰ. P427.32

中国国家版本馆 CIP 数据核字第 2024R7A431 号

山西雷电活动规律及防御

Shanxi Leidian Huodong Guilü ji Fangyu

出版发行：气象出版社

地　　址：北京市海淀区中关村南大街 46 号　　**邮政编码**：100081

电　　话：010-68407112（总编室）　010-68408042（发行部）

网　　址：http://www.qxcbs.com　　**E-mail**：qxcbs@cma.gov.cn

责任编辑：张　媛　　**终　　审**：张　斌

责任校对：张硕杰　　**责任技编**：赵相宁

封面设计：艺点设计

印　　刷：北京建宏印刷有限公司

开　　本：787 mm×1092 mm　1/16　　**印　　张**：9.25

字　　数：234 千字　　**彩　　插**：2

版　　次：2024 年 10 月第 1 版　　**印　　次**：2024 年 10 月第 1 次印刷

定　　价：65.00 元

《山西雷电活动规律及防御》
编委会

前　　言

雷电灾害可能导致建筑物、通信设备、供配电系统、家用电器损坏，引发森林火灾，油气库、化工厂等易燃易爆场所的燃烧甚至爆炸，造成重大的经济损失和不良的社会影响。

对众多部门的安全生产而言，雷电灾害是一种不容忽视的严重威胁。随着科技和现代化建设的发展，大量电子、电器和通信设备普及应用于各个领域，雷电灾害事故呈现出逐年上升、损失逐年增加的态势。雷电灾害每年还造成较多的人员伤亡，正因为严重威胁着人民的生命和财产安全，联合国有关部门把它列为“最严重的十种自然灾害之一”。因此，防雷减灾是社会公众、各行业和相关部门必须切实重视的议题。

山西地处黄土高原，地理、地形特殊，境内山脉起伏，局地强对流天气较多，因而雷电也比较多，而且在煤矿、文化遗产、人员伤亡等方面不断有重大雷电灾害事故发生。据山西省气象部门的不完全统计，2000—2011 年全省共发生雷电灾害事故 509 起，造成 92 人死伤。雷电灾害具有一定规律性，每一行业遭受的雷击都有一定规律，认识雷击事故的规律非常重要，研究并掌握雷电灾害的分布规律及成因，可以为雷电防护提供技术支持，做到有的放矢，重点防护。

本书第 1 章对山西省不同定位系统获得的闪电数据进行了对比分析，进而对其探测效率和精度进行了评估。第 2 章详细阐述了雷暴日、雷电流、多回击闪电、时空分布等闪电活动特征。第 3 章利用统计方法分析雷暴天气产生的环境场参数特征、雷暴客观识别方法，探索了雷暴天气预警的应用研究。第 4 章利用雷电灾害数据对养殖业、高层建筑、旅游景区等各行业的雷灾分布规律以及应对措施进行了分析。第 5 章讨论了煤矿雷电灾害特征及较大危险因素的辨识和防范方法。第 6 章探讨了多源气象资料在森林雷击火辨识中的应用，并对山西雷击森林火灾风险进行了评估与区划。第 7 章通分析加油站、氨气库、工业污水排气筒等石化行业的雷电灾害特征，给出了石化行业的雷电灾害隐患排查措施。第 8 章在对防雷安全监管机制研究的基础上建立了防雷重点单位防雷能力评价指标体系，基于评价指标提出如何提升重点单位防雷能力。

第 1 章及第 6 章的第 6.1 节、第 7 章的第 7.4 节和第 7.5 节由钱勇撰写，第 2 章由李治撰写，第 3 章由邱桂强撰写，第 4 章、第 5 章的第 5.1 节和第 5.2 节、第 7 章的第 7.1 节至第 7.3 节、第 8 章由张华明撰写，附录由李强撰写，第 6 章的第 6.2 节由刘耀龙撰写，第 5 章的第 5.3 节由胡俊青撰写。景哲、李昆鹏、韩敢、褚强、李云飞、刘璞、葛艳斌、温进利、郭斌等参与了撰写，张华明对各章节内容进行了修改和补充，并最后审定。

由于时间有限，本书不足之处在所难免，敬请读者批评指正。

作者

2023 年 11 月于太原

目　录

第 1 章　闪电定位系统

1.1　闪电定位系统

闪电也称雷电，是指发生在不同极性电荷中心之间的一种长距离放电现象。发生在云电荷中心与大地之间的一种对地放电的过程称为地闪，其峰值电流可达到几十千安甚至几百千安，所伴随的电磁辐射和瞬间高温具有很强的破坏力，通常会对空中目标、地面建筑物、周围的电力电子设备等造成非常严重的损害，甚至可能造成人员伤亡。我国平均每年因雷电造成上千人伤亡，其中，约 550 人死亡，财产损失 70 亿～100 亿元。在气象灾害中，雷击导致的人员伤亡仅次于暴雨洪涝和气象地质灾害，位列第三。随着国家和社会公众对防灾减灾、精密监测等服务需求的日益增加，不同应用领域对闪电监测的需求也不断加大。

闪电定位系统是用于雷电监测和预警的探测设备，可以监测闪电发生的时间、电流强度、位置和正负极性等参数。目前，欧美等发达国家的地基闪电探测站网主要有 3 类：全闪闪电定位网、高精度高分辨率的闪电测绘阵列、全球性的远距离闪电探测系统，共同组成多频段多系统的综合观测体系；同时在外场试验平台中，开展了垂直电场观测、星地校验、融合分析、性能评估等科研和业务试验；另外，还在极轨或静止卫星上搭载闪电成像仪等光学观测设备，开展全球或洲际的全闪观测。

1.1.1　闪电定位原理

在闪电定位的发展过程中，早期针对闪电的形状特征，利用高速旋转照相法、高速线扫描照相机等技术观测闪电通道的变化。闪电引起的强电流是重要的闪电参量，对闪电的监测与定位离不开闪电发生时产生的强电流及强感应电磁场，闪电的电磁脉冲频率中以甚低频/低频（VLF/LF）辐射为主，所以在对闪电进行的监测定位研究中，通常是探测其电磁场脉冲的定位方式。

闪电定位系统（LLS）根据传感器搭载位置可以分为星载和地基两种。按照闪电定位站点的个数分类，有单站定位系统和多站定位系统，单站定位系统只能够测得闪电波形的参量，利用单站定位法只能计算出闪电发生的方位，而不能算出闪电具体位置；多站定位系统是由多个探测站形成不同的布站形状，站点间距一般在 100～200 km。甚低频闪电定位主要方法是磁定向法（MDF）、VLF/LF 时间到达定位技术（TOA），以及综合了两种方法的定位技术的时差综合定位法（IMPACT）。综合定位系统应用 MDF 以及 TOA 两种方法共同定位，结合了两种方法中各自的优点，同时弥补了各自不足之处。星载雷电探测定位技术，主要采用光学闪电探测和星载甚高频（VHF）定位技术。

1.1.2　闪电定位技术

1）磁定向法

磁定向法的技术原理：两个特定方向放置正交环天线上感应的信号幅度和极性来求出磁

场的水平方向，但是无法准确测量闪电与站点之间的距离，定位误差较大。

图 1.1 和图 1.2 中实线表示闪电的测量方位角；虚线表示因随机误差产生的可能的方位角；黑色圆点表示计算得到的闪电位置；阴影部分为闪电的可能发生区域。

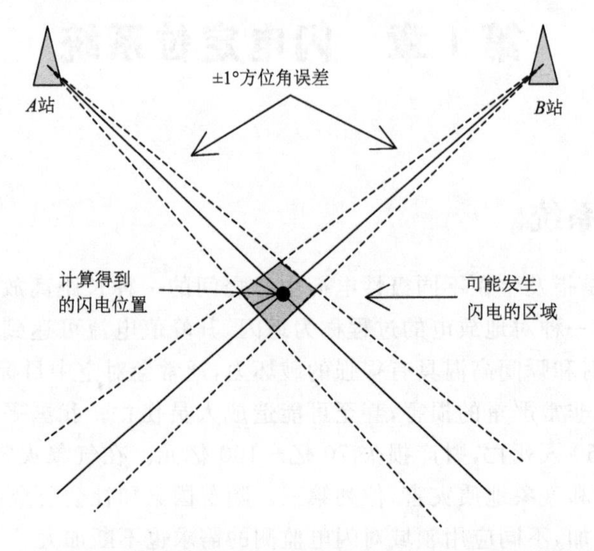

图 1.1　两站磁定向法(MDF)闪电定位交汇方法示意图

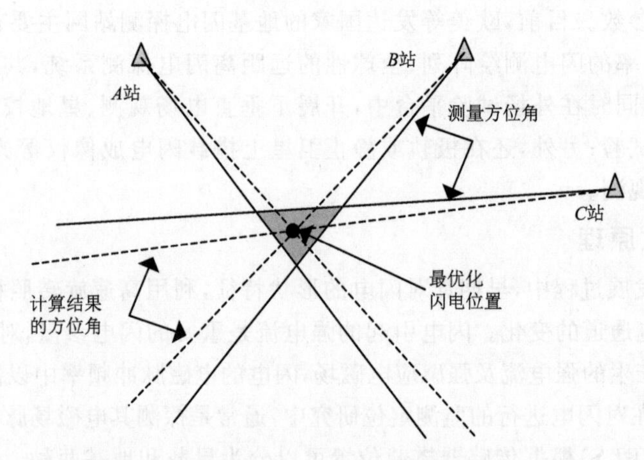

图 1.2　三站磁定向法(MDF)定位系统示意图

如果将闪电的辐射场电磁波的水平磁场相对正北方向的夹角设为 θ，在南北方向两个环天线的感应信号分别设为直角坐标系上的 X 和 Y，那么：

$$\theta=\arctan(X/Y) \tag{1.1}$$

通过式(1.1)可计算出闪电辐射的电磁波入射的水平方向，继而根据两个或更多探测站所测量得到的闪电方向进行汇交计算。由于反正切函数具有一定的周期性，且 X 和 Y 为位置变量，根据式(1.1)将得到双解，其中有一个必定是虚解，垂直方向的电信号天线对雷电信号进行辨别，根据数学方法，从而排除虚根，得到闪电的真实方向。

2)时间到达法

闪电定位技术中时间到达定位技术和到达时间差(TDOA)定位技术是两种基本的定位技

术，这两种技术分别是利用信号传播的时间参量进行定位计算的。两者的区别在于，TOA 定位技术主要采用了雷电电磁脉冲测量、扩频测距技术或者相位测量等多种技术，对雷电发生的位置到各个基站的传播时间进行测量，从而得到雷电发生位置与各个基站间的距离，最后解析方程计算雷电发生位置。TDOA 定位技术与 TOA 定位技术的不同之处在于 TDOA 是通过测量闪电发生位置到设定的两个基站的传播时间差，从而根据传播速度计算出距离差，然后根据两个及以上的距离差值可以得到雷电发生位置的估计值。雷电电磁脉冲的信号传播时间相对比较容易测量得到，而且测量误差对该值的影响相对要小一些，在闪电定位技术中比较倾向于 TOA 定位技术。

TOA 定位技术计算雷击点发生的位置主要有双曲线法、矩阵法两种方法。

(1)解法一：双曲线法

雷电发生时，闪电电磁脉冲的低频信号会被探测站监测到，从两个或以上的探测站所测量的数据里提取闪电脉冲到达探测站的时间，从而计算出闪电发生的绝对时间。

闪电的电磁波传播速度与光速基本一致，因此闪电信号在空气中的传播速度为 c，即光速 3×10^8m/s。假设 A 和 B 两个闪电探测站监测雷电电磁波的时刻分别为 t_1 和 t_2，时间测量中会存在一定的测量误差，因此在定位计算中会加入时间测量的随机误差。根据测量时间可以将雷击点距两个探测站的距离差计算出，此时得到的距离差也必定存在了误差的干扰；然后基于双曲线原理，假设闪电的击地点将位于以 A 和 B 两个探测站为焦点、到两个探测站距离差恒为 Δd 的双曲面上，在三维的空间坐标系里，通过双曲线的旋转得到空间双曲面。同时在闪电监测系统中，根据同样的计算方法，探测站 C 也将接收到雷电电磁脉冲信号，则探测站 C 与 A 也将确定出另一条空间曲线，与探测站 A 和 B 确定得到的双曲线相交，两条空间曲线的交点即为本次闪电的击地点；多探测站可以确定出多条空间双曲线。由于存在一定的影响因子及测量误差，三条或以上的双曲线不可能相交于一点，需用最小二乘法做进一步的优化计算。

设以探测站 A 和 B 所在直线建立坐标，两个探测站所确定出的方程为：

$$\frac{x^2}{A^2}-\frac{y^2}{B^2}=1 \tag{1.2}$$

式中，$A=\dfrac{\Delta T\times c}{2}$，$B=\left(\dfrac{D}{2}\right)^2-A^2$，$c$ 为光速，D 为两个探测站间的距离。三站定位示意图如图 1.3 所示。

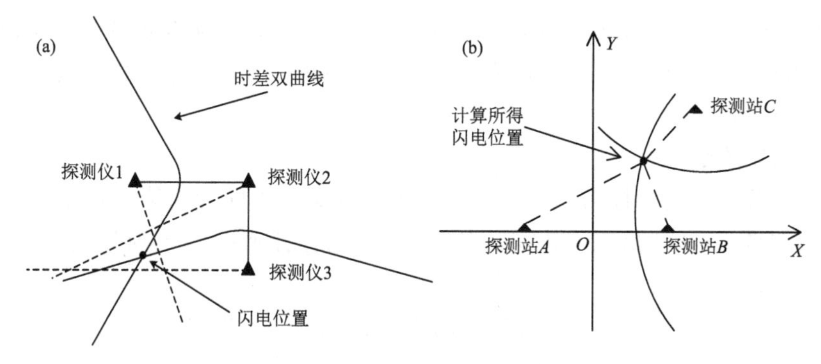

图 1.3　三站定位示意图

(a)三站定位系统示意图，(b)同一化到直角坐标系中示例在双曲面形成的过程中，双曲线绕着实轴旋转，将得到三维空间的旋转双叶双曲面。如果用双曲线绕着虚轴旋转，得到的便是旋转单叶双曲面。图 1.4 为二维双曲线原理图。

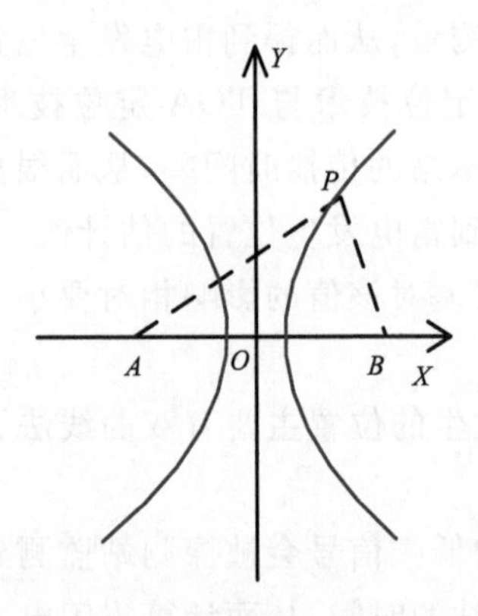

图 1.4　二维双曲线原理图

根据双曲线的数学定义，在三维空间里，满足 $PA\text{-}PB$ 为常数的所有的点的集合，便可以得到旋转双叶双曲面。对称点 A 与 B 为双曲面的焦点，由 TOA（定位算法）的测量值可以得到如下的方程：

$$R_i=\sqrt{(x-x_i)^2+(y-y_i)^2} \tag{1.3}$$

式中，(x,y) 为雷击点位置，(x_i,y_i) 为探测站位置，将式(1.3)左右两边平方可得：

$$R_i^2=(x-x_i)^2+(y-y_i)^2=x^2+y^2-2x_ix-2y_iy+K_i \tag{1.4}$$

式中，R_i 为探测站 BS_i 与雷击点之间的传播距离，$K_i=x_i^2+y_i^2$，雷击点到达基站 BS_i 与基站 BS_1 的传播距离差为 $R_{i,1}$，则：

$$R_{i,1}=ct_{i,1}=R_i-R_1=\sqrt{(x-x_i)^2+(y-y_i)^2}-\sqrt{(x-x_1)^2+(y-y_1)^2} \tag{1.5}$$

式中，c 为闪电电磁脉冲在空气中的传播速度（常数），即光速，而 $t_{i,1}$ 为雷击点到站点 BS_i 与 BS_1 的传播时间差值。

$$R_i=R_1+R_{i,1} \tag{1.6}$$

所以联立可以得到：

$$R_{i,1}{}^2+2R_{i,1}R_1=K_i-2x_{i,1}x-2y_{i,1}y-K_1 \tag{1.7}$$

式中，$x_{i,1}=x_i-x_1$，$y_{i,1}=y_i-y_1$，$i=2,3,\cdots,N-1,N\geqslant 3$，至少需要 3 个探测站，可以把 x，y，R_1 作为未知数，公式(1.7)就是关于这三个变量的三元一次方程，通过联立方程组，就可以求得雷击点位置。

(2)解法二：矩阵法

设雷电发生位置空间坐标为(x,y,z)，雷电发生的绝对时间为 t，第 i 个雷电监测站点坐标为(x_i,y_i,z_i)，测得到达时间为 t_i，电磁脉冲在空气中的传播速度为 c，所以监测站与雷电发生位置间的距离可以表示为：

$$c(t_i-t)=\sqrt{(x_i-x)^2+(y_i-y)^2+(z_i-z)^2} \tag{1.8}$$

则

$$t_i=t+\frac{1}{c}\sqrt{(x_i-x)^2+(y_i-y)^2+(z_i-z)^2} \tag{1.9}$$

将式(1.9)两边同时平方可得：

$$c^2(t^2+t_i^2)=r^2+r_i^2-2(xx_i+yy_i+zz_i-c^2tt_i) \tag{1.10}$$

式中，令 $r_i^2=x_i^2+y_i^2+z_i^2$，$r^2=x^2+y^2+z^2$，把式(1.10)中的 i 换成 j，并相减可得到：

$$c^2(t_i^2-t_j^2)-(r_i^2-r_j^2)=-2[x(x_i-x_j)+y(y_i-y_j)+z(z_i-z_j)-c^2t(t_i-t_j)] \tag{1.11}$$

设 $t_{ij}=t_i-t_j$，$x_{ij}=x_i-x_j$，$y_{ij}=y_i-y_j$，$z_{ij}=z_i-z_j$，那么，式(1.10)可以简化成：

$$\frac{(r_i^2-r_j^2)-c^2(t_i^2-t_j^2)}{2}=xx_{ij}+yy_{ij}+zz_{ij}-c^2tt_{ij} \tag{1.12}$$

令 $q_{ij}=xx_{ij}+yy_{ij}+zz_{ij}-c^2tt_{ij}$，由此可得到一组关于$(x,y,z;t)$的线性方程组，用矩阵表示：

$$\begin{bmatrix} ct_{ij} & x_{ij} & y_{ij} & z_{ij} \\ ct_{ik} & x_{ik} & y_{ik} & z_{ik} \\ ct_{il} & x_{il} & y_{il} & z_{il} \\ ct_{im} & x_{im} & y_{im} & z_{im} \end{bmatrix} \cdot \begin{bmatrix} -ct \\ x \\ y \\ z \end{bmatrix} = \begin{bmatrix} q_{ij} \\ q_{ik} \\ q_{il} \\ q_{im} \end{bmatrix} \tag{1.13}$$

求解矩阵方程可得到定位结果$(x,y,z;t)$。

3)时差综合定位法

图1.5是时差综合定位法(IMPACT)算法流程，该算法首先需要判断监测到同一闪电事件的探测站的站数(N)，当 $N=3$ 时，表示有3个探测站接收到闪电信号，有时会出现多个双曲线的交点即闪电的双解(P_1,P_2,P_3)，需要利用方位角信息剔除双解的中的假解(P_1,P_3)。由方位角确定直线方程：

$$x-x_i=\tan\theta_i(y-y_i) \tag{1.14}$$

式中，(x,y)为雷击点位置，(x_i,y_i)为探测站位置，θ_i 探测站方位角信息，$i=1,2,3$ 即 A,B,C 3个探测站。

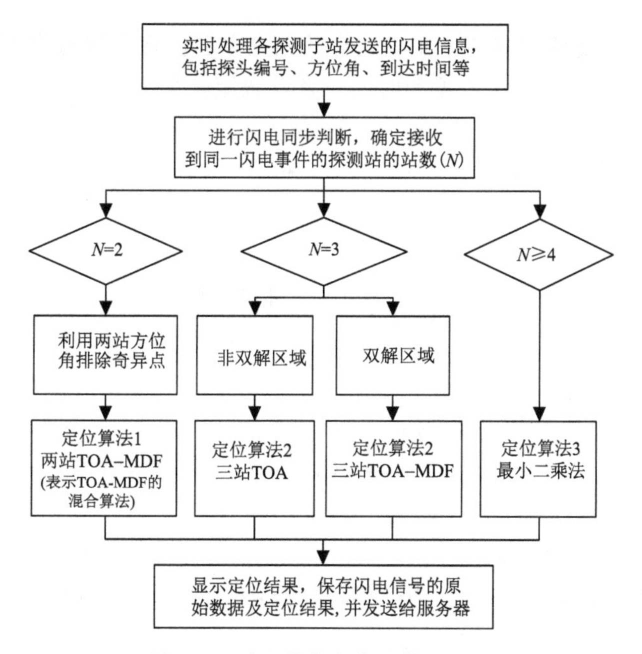

图1.5 时差综合定位法算法流程

图 1.6 中虚线交叉区域就是 3 个探测站的方位角方程交汇处，可以确定 P_2 就是所求的真解即雷电点位置。

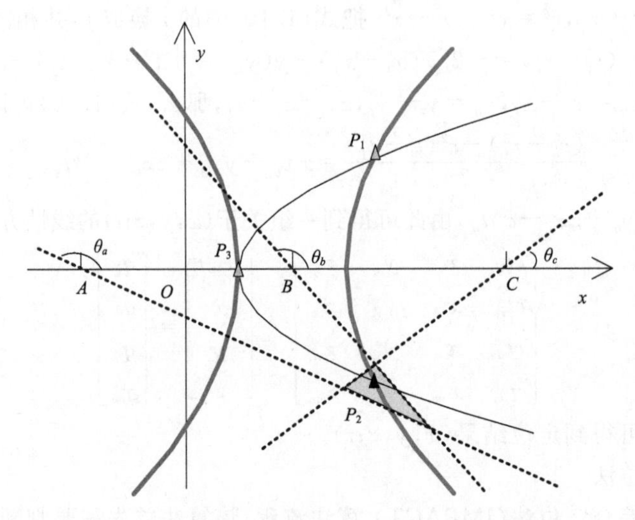

图 1.6 时差综合定位法(IMPACT)算法原理图

当 $N \geqslant 4$ 时，表示有 4 个或以上探测站接收到闪电信号时，利用时间差法进行定位，采用最小二乘法计算闪电位置。对于每个探测站有：

$$(x_i - x)^2 + (y_i - y)^2 = c^2 (t_i - t)^2 \tag{1.15}$$

第 $i+1$ 站减去 i 站方程可得：

$$2(x_{i+1} - x_i)x + 2(y_{i+1} - y_i)y - 2c^2(t_{i+1} - t_i)t = (x_{i+1}^2 - x_i^2) + (y_{i+1}^2 - y_i^2) - c^2(t_{i+1}^2 - t_i^2) \tag{1.16}$$

对于 N 个探测站，能够建立 $N-1$ 个这样的独立方程。将方程写成矩阵形式 $\boldsymbol{AX} = \boldsymbol{I}$，解矩阵方程则可以计算出雷击点的位置和时间。各参数矩阵如下：

$$\mathbf{A} = \begin{Bmatrix} a_{11} & a_{12} & a_{13} \\ \cdots & \cdots & \cdots \\ a_{(N-1)1} & a_{(N-1)2} & a_{(N-1)3} \end{Bmatrix} \tag{1.17}$$

$$\boldsymbol{X} = \begin{bmatrix} x \\ y \\ t \end{bmatrix} I = \begin{bmatrix} I_1 \\ I_2 \\ \cdots \\ I_{N-1} \end{bmatrix} \tag{1.18}$$

$$a_{i1} = 2(x_{i+1} - x_i) \tag{1.19}$$

$$a_{i2} = 2(y_{i+1} - y_i) \tag{1.20}$$

$$a_{i3} = -2c^2(t_{i+1} - t_i) \tag{1.21}$$

$$\boldsymbol{I}_i = (x_{i+1}^2 - x_i^2) + (y_{i+1}^2 - y_i^2) - c^2(t_{i+1}^2 - t_i^2) \tag{1.22}$$

式中，(x,y) 为雷击点位置，(x_i,y_i) 为探测站位置，t_i 为探测站接收闪电事件的时间，$i = 1, 2, \cdots, N-1$。

甚低频时差法定位的优点在于设备简单，测站距离增大并不会影响闪电定位的误差；然而甚低频时差法也有一定的局限性，它要求高精度的时间测量精度，而且需要三站或以上的系统才能达到定位效果;由于各方面的原因,闪电的回击波形峰值点可能会随着闪电延伸路径和与探测站距离的不同继而发生改变,如果系统不使用波形鉴别功能,有时会将强云闪错误标记成地闪,从而造成误差。

1.1.3 山西闪电定位系统

山西省气象部门于2006年布设了1套ADTD闪电定位系统(简称ADTD系统),随着业务的发展,2017年新增VLF/LF三维全闪电监测系统(简称三维系统)。ADTD闪电定位系统通过监测地闪辐射的甚低频信号,采用时差法和定向时差联合法对地闪进行定位,山西省ADTD闪电定位系统包括7个子站。

三维全闪电监测系统利用闪电放电产生的VLF/LF电磁脉冲到达时间,并基于宽带网络通信技术和多站TOA定位原理,实现闪电的三维定位,山西省三维全闪电监测系统包括11个子站。图1.7给出了两套系统子站的分布情况,两套系统数据都包括闪电发生时间、经纬度、强度、误差、定位方式等要素。

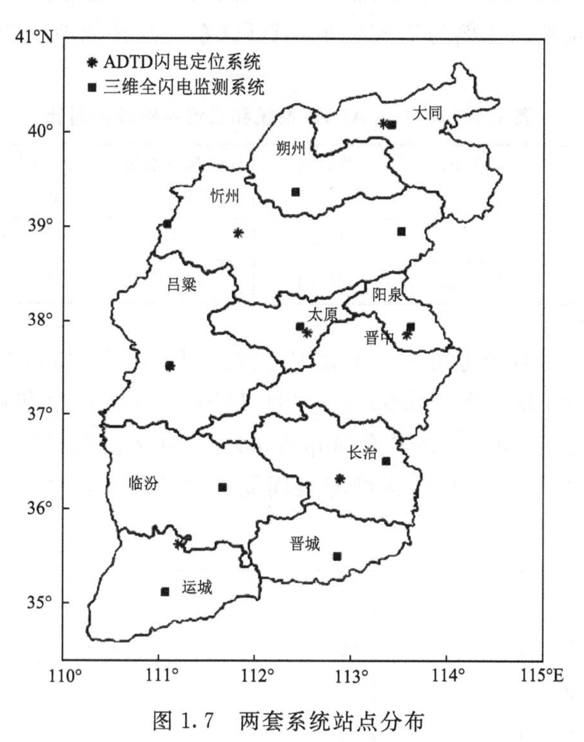

图1.7 两套系统站点分布

1.2 两套闪电定位系统监测结果对比分析

1.2.1 引言

由于探测原理、仪器误差等原因不同闪电定位系统的探测结果存在一定差距,通过对不同系统探测结果进行对比分析可了解掌握闪电定位系统探测性能。国内外许多学者通过对比人工触发闪电、雷击高塔试验等方法对一种或多种闪电定位系统探测性能进行研究,Jerauld等(2005)通过与人工触发闪电的对比分析发现,美国闪电探测系统(NLDN)闪电和回击的探测效率分别是84%和60%,平均定位误差为600 m,Drüe等(2007)对比分析了德国北部SAFIR

和 BLIDS 两种闪电定位系统，认为两种系统各有优缺点。朱彪等(2018)对比分析了福建省三维系统与 ADTD 系统地闪资料，结合雷电流峰值记录仪发现 ADTD 探测效率高于三维系统，三维系统的探测效率受地形干扰较大。实际上，雷电回击电磁场在远距离传输过程中会受到土壤电导率和地形地貌的影响，因此对不同地区的不同系统的闪电定位资料进行对比分析是非常必要的。

针对山西省气象局布设的两套闪电监测系统获得的地闪数据，从电流强度、时空分布等方面进行对比分析，同时结合雷电灾害资料对两套闪电监测系统的探测精度进行了对比，以利于今后在闪电定位数据的校准、雷电灾害风险评估、雷电预警和服务等方面更好应用。

1.2.2 闪电次数及时间分布对比

表 1.1 给出了 2017 年 ADTD 系统和三维系统地闪的对比情况，可以看到三维系统的地闪探测效率比 ADTD 系统显著增强，总地闪探测效率增加了约 99.75%，负地闪增加了约 94.85%，正地闪增加了约 151.39%，正地闪占总地闪的比例增加了约 2.24%。杨敏等(2016)统计了京津冀地区的正地闪比例为 7.8%，同 ADTD 系统及其他地区相比三维系统的正地闪比例略有提高。

表 1.1 2017 年 ADTD 系统和三维系统地闪对比

定位系统	正地闪次数/次	负地闪次数/次	总地闪次数/次	正地闪占总地闪百分比/%	负地闪平均强度/kA	正地闪平均强度/kA
ADTD 系统	18458	194400	212858	8.67	33.22	60.66
三维系统	46401	378783	425184	10.91	22.43	29.20

图 1.8 给出了山西省各个地市三维系统闪电数量同 ADTD 系统的增长率，发现大同与运城的总地闪增长率最高，分别为 390.55%与 384.12%，其次为阳泉和晋城，分别为 258.47%和 221.66%，太原最低，为 34.26%，其余城市在 60%～90%。可以看出，三维系统与 ADTD 系统在太原周边的子站基本一致，而运城与大同周边的新增子站使得探测网格更加合理，因此，太原增加最低。

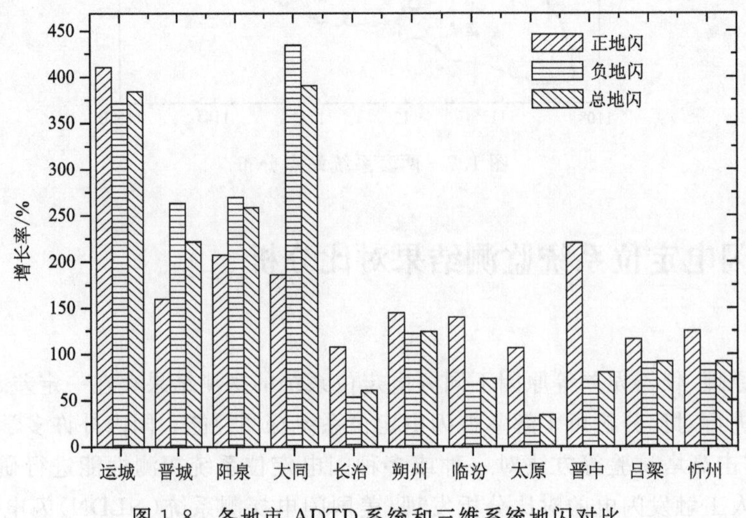

图 1.8 各地市 ADTD 系统和三维系统地闪对比

图 1.9 给出了两套系统地闪频次月变化和日变化，从图 1.9a 可以看到，两套系统的月变化基本一致，呈单峰变化特征，6—8 月是山西省闪电活动的高发期，7 月是峰值，三维系统的峰值更加显著。ADTD 系统 6—8 月地闪占全年总地闪的 94.24%，7 月地闪占全年总地闪的 47.63%；三维系统 6—8 月地闪占全年总地闪的 95.12%，7 月地闪占全年总地闪的 53.23%。

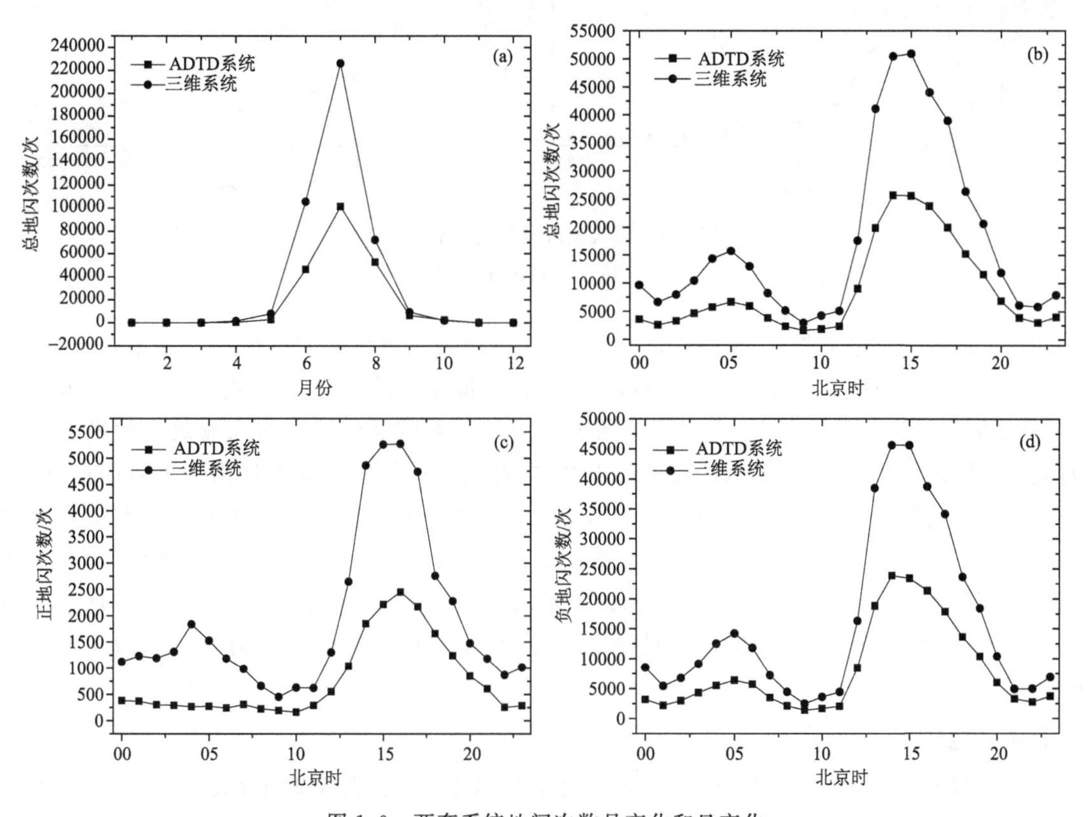

图 1.9 两套系统地闪次数月变化和日变化

(a)总地闪月变化，(b)总地闪日变化，(c)正地闪日变化，(d)负地闪日变化

图 1.9 b,c,d 分别给出了两套系统总地闪、正地闪与负地闪的日变化，可以看出，除 ADTD 系统正地闪外，其他都为双峰双谷变化，峰值峰谷时间一致，05 时(北京时，下同)有一个小高峰，14 时、15 时是峰值。三维系统探测到的闪电数在所有时刻都比二维的高，由于三维系统闪电数量多，因此，三维系统闪电日变化曲线更明显，ADTD 系统正地闪数量少，小峰值的变化不明显。

1.2.3 电流强度分布

图 1.10 是正负地闪电流强度分布状况，可以看到，ADTD 系统中电流强度在 20～40 kA 的负地闪占总负地闪的 61.52%，10～50 kA 占 90.04%。三维系统中电流强度在 10～20 kA 的负地闪占总负地闪的 68.83%，0～30 kA 的占 89.78。同 ADTD 系统相比，三维系统负地闪电流强度分布的峰值区间由 10～20 kA 降到了 20～40 kA，ADTD 系统中负地闪的平均电流强度为 33.22 kA，三维系统中负地闪的平均电流强度为 22.43 kA。ADTD 系统与三维系统中正地闪电流强度在 20～70 kA 的正闪电都占总正地闪的 70.41%，但是 ADTD 系统中正地闪的平均强度为 60.66 kA，三维系统中正地闪的平均强度为 29.20 kA。

同 ADTD 系统相比，三维系统的负地闪与正地闪的平均电流强度都出现了较大的下降，

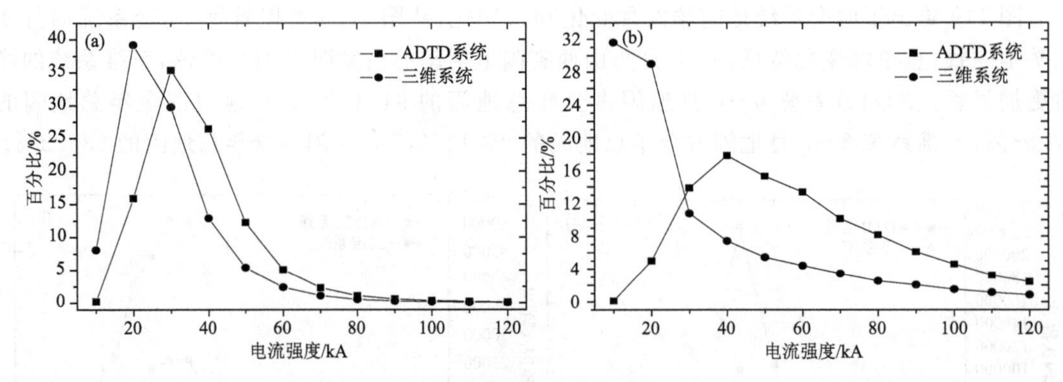

图 1.10　两套系统地闪电流强度分布

(a)负地闪,(b)正地闪

尤其是正地闪平均电流强度下降超过 15 kA。这可能与三维系统闪电探测效率增高有关,陈绿文等(2009)通过人工触发闪电对 ADTD 系统进行检验发现,ADTD 系统对闪电的效率约为 93%,对回击的探测效率约为 42%,可以推断得出三维系统对继后回击探测效率的增加也是闪电总数增加的主要原因之一,一般情况下,闪电首次回击的电流强度远强于继后回击,曾金全等(2017)分析了 ADTD 系统的多回击闪电特征,发现正闪电和负闪电平均回击数分别为 1.02 次和 1.52 次,正闪电和负闪电的首次回击的平均电流强度分别是继后回击的 1.68 倍和 1.25 倍,因此,三维系统探测到的继后回击大量增加,导致三维系统平均电流强度出现较大幅度的减小,正地闪减小更多。同理也是 ADTD 系统与三维系统日变化、月变化曲线及峰值时间一致的原因。

1.2.4　地闪频次空间分布对比

图 1.11 给出了两套系统探测到的闪电密度分布,将山西省所在区域划分成 0.04°×0.06°(经纬度)的空间网格,统计每个网格内的地闪频次。可以看出,ADTD 系统的闪电密度极高值大于 4.5 次/(km^2·a),主要集中于山西中部地区忻州市的宁武县、原平市;太原市的阳曲县、尖草坪区、

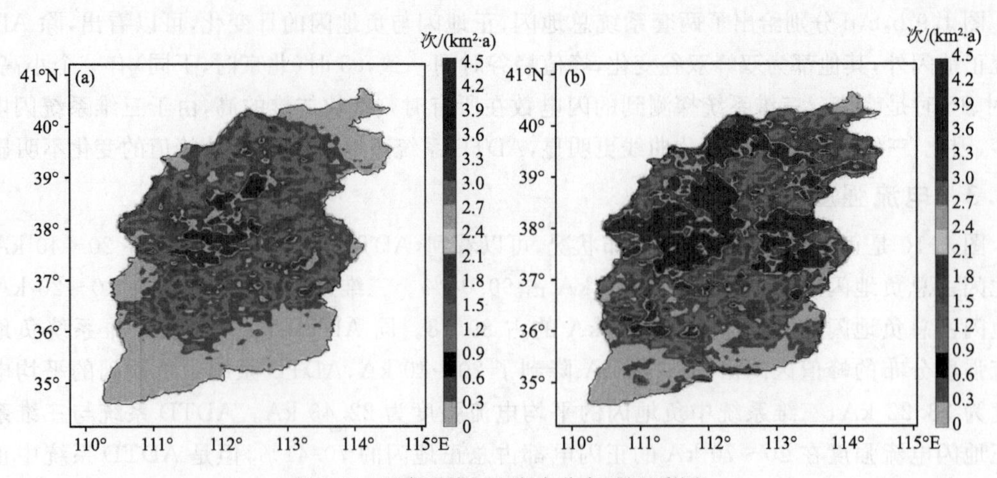

图 1.11　两套系统闪电密度分布(另见彩图)

(a)ADTD 系统,(b)三维系统

古交市;吕梁市的交城县等也有小部分。运城市、晋城市、大同市(除左云县)、长治市(南部壶关县、长子县等)、临汾市(石楼、永和)等县(市)位于闪电密度极小值,密度为0~0.3次/(km^2·a)。

同ADTD系统相比,三维系统密度图中闪电密度极高值区域集中在山西省中部地区的忻州、太原、吕梁、阳泉等地,不同之处为极高值区域明显增加,ADTD系统闪电密度高值部分的忻州、太原、吕梁等增加,新增阳泉、朔州的右玉县等高值区域。极小值部分大幅度减少,仅剩运城、晋城。主要原因是三维系统探测效率加强,回击分辨率增高导致三维系统探测到的闪电整体数量增加。

1.2.5　雷电灾害时两种监测资料的对比分析

表1.2给出了2017年发生在山西省的6次雷电灾害时两种闪电定位系统的监测资料,给出了发生雷电灾害的单位、地点、报告时间以及ADTD系统、三维系统闪电发生时间、经纬度、强度、定位站数等。养猪场工作人员介绍此次雷电灾害为球状闪电造成,Cen等(2014)发现球状闪电为地闪接地后形成,三维系统监测到的此次地闪强度较大,有可能形成球状闪电。

表1.2　2017年山西省6次雷电灾害时两套系统的监测资料

<table>
<tr><th rowspan="2">单位名称</th><th rowspan="2">损失</th><th rowspan="2">报告时间</th><th colspan="4">ADTD</th><th colspan="4">三维</th></tr>
<tr><th>时间</th><th>距离/m</th><th>强度/kA</th><th>站数/个</th><th>时间</th><th>距离/m</th><th>强度/kA</th><th>站数/个</th></tr>
<tr><td>某养猪场</td><td>500余头猪死亡</td><td>7月22日14时</td><td>13时59分53秒</td><td>975.69</td><td>−28.4</td><td>3</td><td>14时02分11秒</td><td>936.57</td><td>−60.10</td><td>5</td></tr>
<tr><td>某农牧有限公司</td><td>40余头牛死亡</td><td>7月14日01时45分</td><td colspan="4">无</td><td>01时45分45秒</td><td>4340</td><td>−8.46</td><td>3</td></tr>
<tr><td rowspan="2">某胶粘剂公司</td><td rowspan="2">甲醇罐遭雷击爆炸起火</td><td rowspan="2">7月24日17时20分</td><td rowspan="2">17时25分46秒</td><td rowspan="2">1999.50</td><td rowspan="2">−40</td><td rowspan="2">3</td><td>17时24分41秒</td><td>525.07</td><td>−28.59</td><td>5</td></tr>
<tr><td>17时24分41秒</td><td>699.88</td><td>−6.99</td><td>2</td></tr>
<tr><td>静乐县某村</td><td>62只羊死亡</td><td>6月30日12时左右</td><td>11时46分52秒</td><td>403.09</td><td>−25.5</td><td>3</td><td>11时46分52秒</td><td>545.69</td><td>−29.90</td><td>5</td></tr>
<tr><td>灵石某天然气分输站</td><td>击毁设备8台</td><td>8月12日18时35分</td><td>18时38分00秒</td><td>703.08</td><td>82.6</td><td>4</td><td colspan="4">无</td></tr>
<tr><td>五台山气象站</td><td>击毁设备2台</td><td>6月18日13时30分</td><td>13时24分55秒</td><td>2864.32</td><td>−37.3</td><td>4</td><td>13时25分37秒</td><td>1043.66</td><td>−18.86</td><td>5</td></tr>
</table>

注:表中强度为负值时,表示负闪电的强度,下同。

可以看到,ADTD系统与三维系统分别有一次未监测到闪电,ADTD系统和三维系统的最大误差分别为2.86 km和4.34 km,ADTD系统的监测精度平均为1.38 km,三维系统平均为1.48 km,剔除最大的误差,ADTD系统平均为1.02 km,三维系统平均为0.76 km。三维系统闪电定位用到的基站数都高于ADTD系统,定位精度与参与基站数有关,参与基站数越多,定位精度越高。

某胶粘剂公司雷灾中监测到两次闪电,由于两次闪电间隔小于0.5 s且相距较小,因此定义为一次闪电的两次回击,一般情况下,闪电首次回击电流峰值较强,能探测到闪电辐射信号的基站数就越多，第二次回击峰值电流减小，因此能够探测到的站数减少为两站。说明三维系统的回击分辨能力强于 ADTD 系统。

1.2.6 结论

对比分析 ADTD 系统和三维系统的电流强度、时空分布，同时利用雷电灾害资料对两套系统的定位精度进行了比较，得出以下结论：

(1)三维系统的地闪探测效率比 ADTD 系统显著增强，总地闪探测效率增加了约 99.75%，正负闪电的平均电流强度出现较大幅度的减小，正地闪强度下降幅度更大。两套系统闪电的日变化、月变化曲线基本一致，月变化呈单峰变化，峰值都为 7 月；日变化呈双峰双谷变化且峰值峰谷时间一致。

(2)ADTD 系统闪电密度分布图中的极高值区域忻州、太原、吕梁等在三维密度分布图中都增大，并且新增阳泉、朔州右玉县等高值区域；同二维系统相比，极小值部分大幅度减小，仅剩运城、晋城。

(3)基于 6 次雷电灾害案例，ADTD 系统和三维系统的最大误差分别为 2.86 km 和 4.34 km，ADTD 系统的监测精度平均为 1.38 km，三维系统平均为 1.48 km，剔除最大的误差，ADTD 系统平均为 1.02 km，三维系统平均为 0.76 km。

1.3 闪电定位网探测效率和精度评估及数据质量控制

山西省雷电活动频繁，重大雷电灾害事故经常发生，例如，2004 年稷山县“5 · 11”大佛寺雷击火灾，2013 年中储棉侯马代储库“7 · 1”雷击火灾事件等，因此迫切需要提高山西省闪电发生变化过程的监测、预报、预警、风险评估和应对服务能力，提升闪电综合监测精细化程度，满足社会公众对高精度高时效的闪电监测服务的要求。开展闪电定位网探测效率和探测精度评估，可为后期闪电定位网的优化布局设计和建设工作提供依据。

1.3.1 定位误差分析

对雷击点进行定位计算时产生的误差主要有两个。

第一，在闪电定位过程中，需要对雷电电磁脉冲进行测量，此时产生的误差，将其称为测量误差。因每个站所测到的闪电电磁脉冲到达时间不同，它来源于所测闪电电磁脉冲到达不同站点的时间差，将其设为 t_1。闪电电磁波的传播容易受到地形的影响，波形将发生畸变，从而引起测时误差，设为 t_2。现在所采用的探测站，一般的有效探测距离在 300 km 以内，最大测时误差不超过 3 μs。

第二，闪电定位仪的布站场地引起的定位误差，称之为场地误差。引起场地误差的一个主要原因是闪电定位仪的安装，有时会发生人为造成或仪器本身的误差因子，通过设备的调整或定时检修来对误差进行减小；另一个原因是在闪电定位的安装场地周围有各种不同的环境地貌造成的影响因子，也将对闪电的定位产生一定的影响，造成定位误差。

因此，在观测条件一定的情况下，首先分析了测站数目、布站方式和基线长度对定位结果的影响，为后续站网的优化布局提供参考依据。

(1)布站方式对定位结果的影响

在对定位方法的误差结果进行评估分析的研究中，应用了蒙特卡洛方法，使用随机数作为电磁脉冲传播过程中的误差影响因子，并且根据概论统计理论将离散数据进行整合，对倒三角形、三站线型、菱形、星型、四站线型、矩形及 T 型布站方案分别进行了仿真模拟。

三站系统中倒三角形及三站线型的两种布站方式,其结果的误差分布截然不同,倒三角形呈现以布站系统为中心的收敛式阶层分布,三站线型则以三站直线为中轴,显示出了极为对称的发散式阶层分布。

四站系统中菱形、星型、四站线型、矩形以及 T 型五种布站方式的误差评估结果也有所差异,其中菱形与矩形布站的误差分布形状较为相似,星型与 T 型布站的误差分布结果呈现倒三角形的类似分布,在顶角的两个站点附近区域的定位精度都显示较差的结果,四站线型的误差分布也有很高的对称性,直观来看,最小的误差分布范围在五种布站方式的误差结果里处于最多水平。

相同的站点数量,对于不同的布站方式,快速计算方法稍有不同,从而对闪电定位的精准度、误差区域也有所差别,应用线性插值分析的手段,对评估结果进行线性分析,将误差大小在不同区域所占的比例大小抽取叠加,对比例进行积分计算,从而得出线性分析图。

图 1.12a 为三站定位系统分别以倒三角形和三站线型布站,由统计可以看出,在误差大小为 500 m 的区域三站线型所占比例要高于倒三角形布站的比例。然而在一定程度上倒三角形探测系统对定位结果更加稳定。在四站线型探测系统中(图 1.12b),分别对矩形、星型、菱形、T 形及四站线型布局进行对比。从五种布站方式的线性分析可以看出,在探测站的数量相同的情况下,四站线型探测系统在误差较小值的区域要远远高于其他四种布站方式,四种布站方式的结果基本保持一致,并没有太大差异,但它们所呈现的稳定性要高于四站线型探测系统。

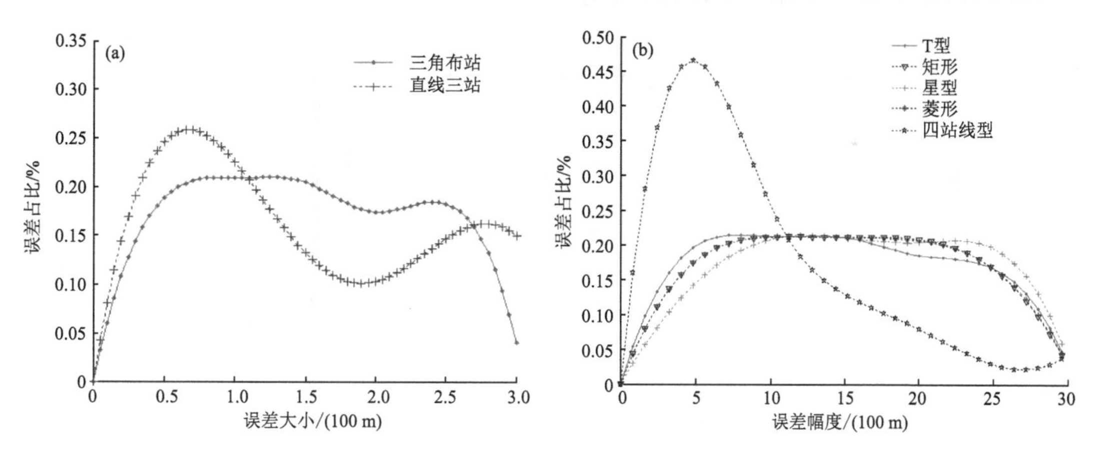

图 1.12　三站、四站系统的不同布站方式分析(另见彩图)

(a)倒三角形与三站线型系统,(b)四站线型系统的不同布站方式

(2)测站数量对定位结果的影响

在探测系统的布站方式相同的情况下,例如,线型布站,如果增加探测站数量,将三站与四站对比,如图 1.13 所示,可以看出,四站系统的误差要明显低于三站系统,突出表现在误差值在 500～1000 m。由此得出合理利用地形优势,适当增加探测站的数量,能够在一定程度上扩大精度高的区域范围,提高监测系统的探测精度。

通过应用蒙特卡洛法对闪电定位结果的分析,可以发现,相同布站方式,测站越多,定位精度越高;在测站数目允许的情况下,尽量采用矩形加中心站的方式进行闪电定位,站网间距在 60～80 km 效果最佳。

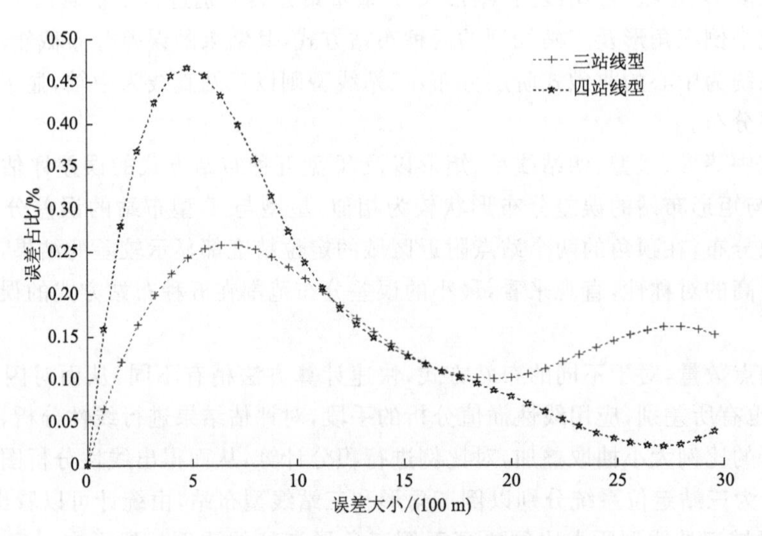

图 1.13　三站线型与四站线型系统线性分析

1.3.2　山西省 ADTD 站网基线的评估

利用山西省闪电探测网站点分布表，以设备探测半径 250 km 计算各个监测站基线距离平均值，如图 1.14 所示。基线平均值主要分布在 130～190 km。

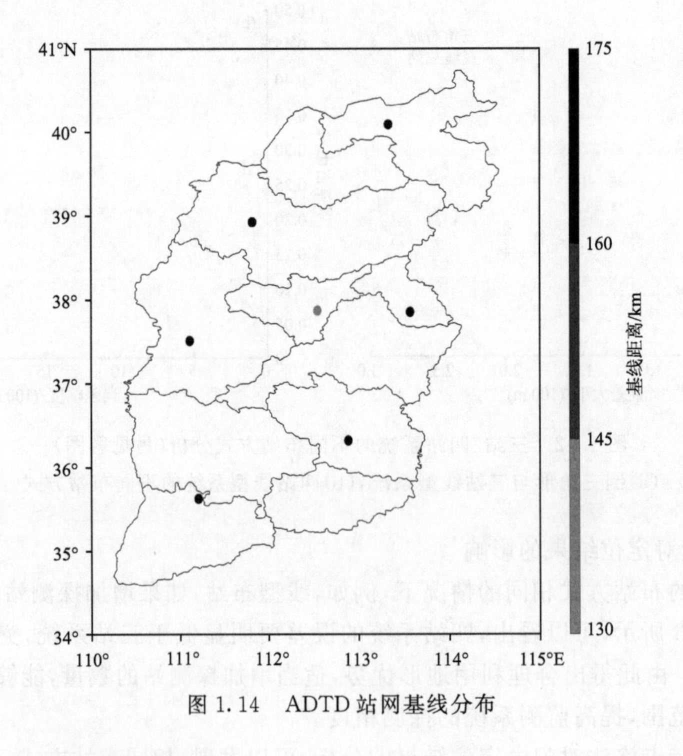

图 1.14　ADTD 站网基线分布

1.3.3　ADTD 探测精度的评估

采用蒙特卡洛计算机模拟方法，选择以太原观测站为中心点（112.54°E、37.87°N）、上下

220 km、左右 400 km 的范围作为研究区域，并将研究区域划分为1 km×2 km 的网格。在研究区域内任意给定一个闪电位置，其到各个测站的准确时间可知，然后增加均值为 0、方差为 1 μs的正态分布随机误差，由计算值得到一个新的闪电位置，则计算的闪电位置和给定的闪电位置之差就是该点的定位误差。在模拟过程中，假设每个格点都被探测到，观测站探测半径为 250 km，计算每个格点到观测站的距离，选择 250 km 范围内距离格点最近的监测站参与计算。如果在有效探测范围内，距离格点最近的监测站低于 2 个，则选择距离格点最近的 2 个观测站采用 2 站算法定位计算。每个网格中模拟发生 100 个闪电，100 个闪电定位误差的平均值认为是该网格点的定位误差。通过计算每个网格点的误差，得到整个区域的误差分布。

定位误差计算主要包括以下步骤(图 1.15)：

①计算闪电从网格中心到每个测站的到达时间；

②在到达时间上增加随机时间误差，模拟闪电的真实传输情况；

③利用 IMPACT 算法对闪电进行定位计算；

④计算的定位结果与真实值之差，即闪电的定位误差；

⑤每个网格模拟发生 100 个闪电，其定位误差的平均值作为该网格点的定位误差。

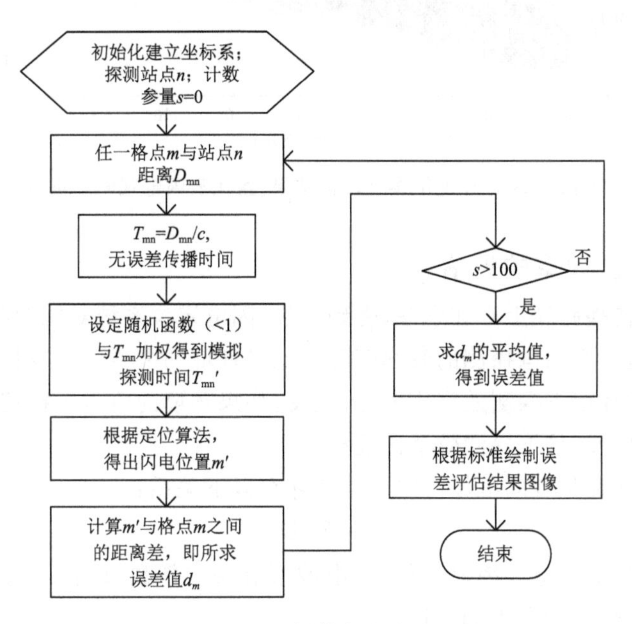

图 1.15 评估方法流程

模拟分析以山西省所有的闪电观测站点组成一个闪电监测网，没有考虑周边省份闪电观测站点。根据定位误差评估结果(图 1.16)，可以发现，通过理论计算的站网探测精度较高的区域主要集中在站网的中心区域，这主要是中心区域有较多的站点参与计算，只要站点基线距离符合要求，各个方向的站点都可参与计算。而山西省北部和南部边界区域站点较少，探测精度较低。因此，今后站网布局设计时，应该重点考虑对山西省北部和南部的边界区域进行加密建设。

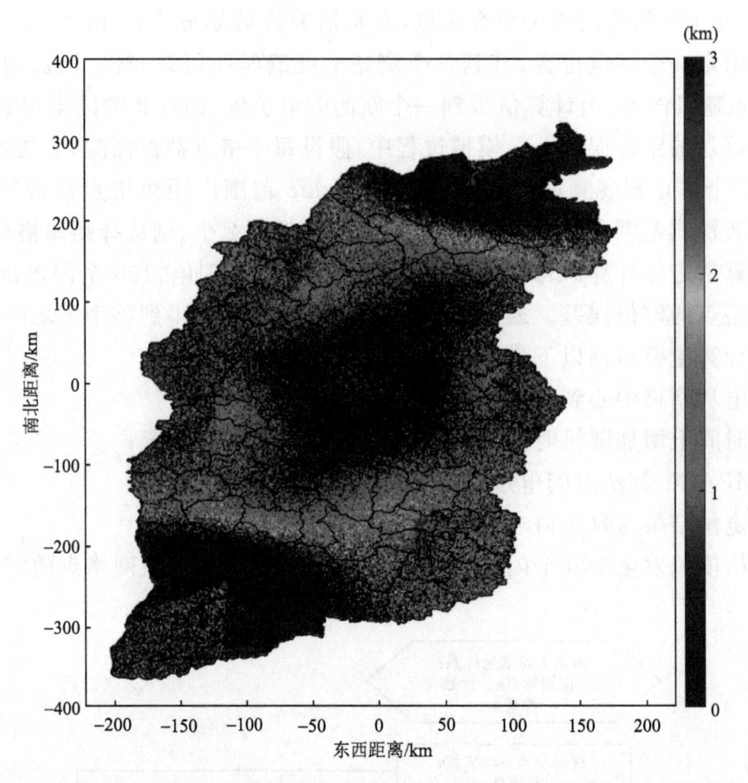

图 1.16　山西省 ADTD 定位误差评估结果(▲代表闪电观测站点)(另见彩图)

1.3.4　ADTD 探测效率的评估

由于电磁波在传播路径上存在衰减,受到干扰,闪电定位系统对能探测到的闪电有一个电流强度要求,这就是一个闪电探测的效率问题。如果环境的电磁干扰较强,就只能探测到电流较大的闪电,在这种环境下探测效率比较低;相反,如果环境的电磁干扰较弱,就能探测到电流相对较小的闪电,这种环境下探测效率比较高。

在闪电定位仪所在位置的电场与闪电电流存在以下关系:

$$E = KID^{-m} \tag{1.23}$$

式中,K 和 m 都是与地面电导率、地形及闪电波形有关的常数,E 表示电场强度,D 表示闪电定位仪与闪电的距离,I 表示闪电电流。

当电场值超过定位仪预设最低门限阈值时,闪电被探测到,最低门限阈值对应的最小电流即为定位仪所能探测到的闪电的最小电流。这个电流值随闪电发生位置离定位仪距离的不同而不同,距离越近,值越小,距离越远,值越大。

探测效率评估步骤为:

① 假设雷击点为 A,计算雷击点 A 到各探测站的距离;

②找出距雷击点最近的探测站,根据雷击点的距离,对找出的站点排序;

③设定可探测场强阈值;

④根据电场与电流的关系,计算出参与定位中最远的观测站可探测的在 A 点闪电最小电流值;

⑤ 将评估区域内各格点作为雷击点重复①～④步，找出各格点对应的最小电流值；
⑥绘制探测效率评估结果图(图 1.17)。

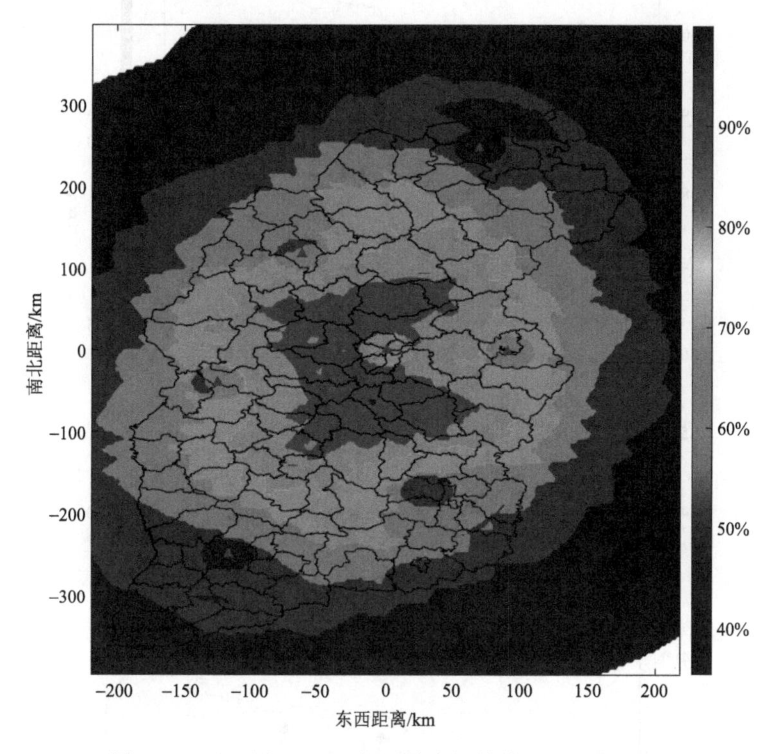

图 1.17　山西省 ADTD 探测效率评估结果(另见彩图)

根据 ADTD 系统探测效率的评估结果，可以发现，山西省中部区域闪电探测效率理论上可以达到 90％左右，随着基线距离的增加，探测效率逐渐递减到 60％～80％，边界区域探测效率仅 40％～50％。

中国气象局气象探测中心利用人工引雷、光/电同步观测、不同站网的比较及理论分析，综合得出在站网分布均匀的内陆地区，其站网探测效率几何平均为 62.2％。山西省地质情况复杂，站网分布不均匀，因此整体站网的实际探测效率更低。

1.3.5　ADTD 站网优化布局

根据上述布局优化的基本原则和评估指标，按照全网覆盖率、提高探测性能的原则，并考虑在雷电相对较少、缺乏布站条件的地区适当放大站间基线距离，减少成本投入，以此形成山西闪电监测网布局优化方案(图 1.18)。规划新增建设闪电定位仪站点 11 个，可以有效弥补山西省闪电探测网站间距不足的问题，站点布局优化后，平均站间距从 130～190 km 减小到 130～160 km，如图 1.19 所示，对探测空白区、探测效率偏低区域都有了明显的改善，探测效率、探测精度进一步提升。

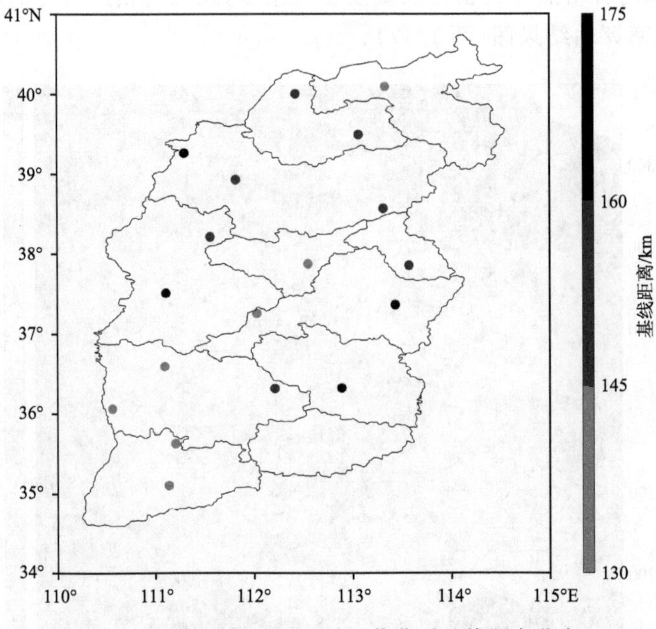

图 1.18　山西省 ADTD 站网优化后基线距离分布

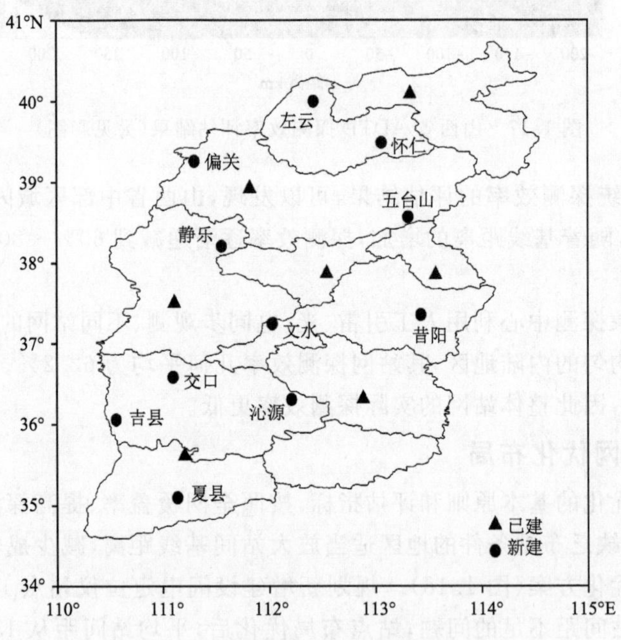

图 1.19　山西省 ADTD 站网布局优化

第 2 章　闪电活动分布特征

2.1　雷暴日特征

雷暴日是指某地区一年中有雷电放电的天数，一天中只要听到一次以上的雷声就算一个雷暴日。雷暴日用以表征不同地区雷电活动的频繁程度。利用山西省 108 个气象站 1979—2013 年雷暴日资料，采用统计分析方法，对山西省平均雷暴日的时空特征进行了分析。

山西省地处黄土高原，位于黄河中游地区，地形近似平行四边形，东西宽约 385 km，南北长约 682 km。按照地貌类型，山西省可分为东部山地区、西部高原山地区和中部断陷盆地区三部分。东部山地区位于山西东部及东南部，西部高原山地区位于中部断陷盆地与黄河之间，中部断陷盆地区包括大同、忻定、太原、临汾、运城五大彼此相隔的断陷盆地，近东北—西南向纵贯于山西中部。特殊的地形条件和地理环境使得山西省的多年平均雷暴日数的时间和空间分布都极不均匀。

图 2.1 给出了山西省内年平均雷暴日数空间分布，可以看到，山西省 11 个市年平均雷暴

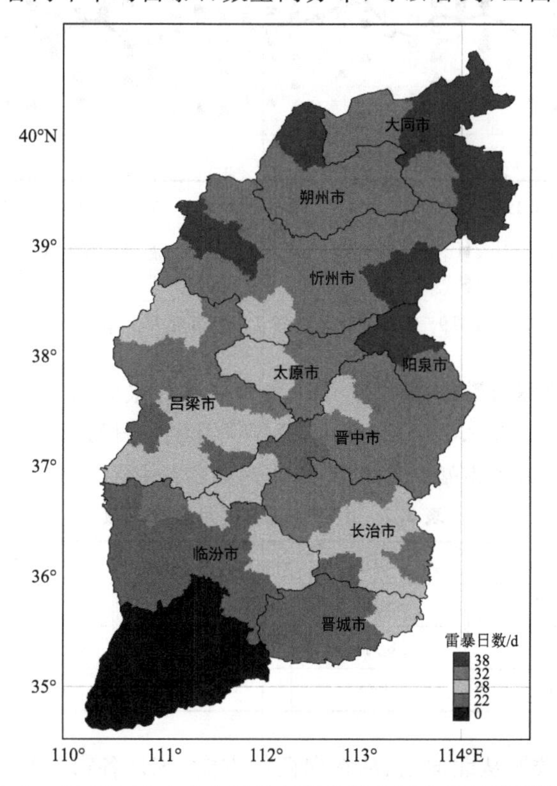

图 2.1　山西省 11 个市年平均雷暴日数空间分布(另见彩图)

日总体上为北部多，南部少，东部山区多，中西部盆地和山区少；大同北部，朔州、忻州西部，五台山，阳泉盂县为雷暴多发区，而运城为雷暴发生最少的区域。表 2.1 给出了各市年平均雷暴日数，其中，年平均雷暴日数最高约 40 d，位于大同市境内，年平均雷暴日数最低约18 d，位于运城市境内。

表 2.1　山西各市年平均雷暴日数　　单位：d

市	雷暴日	市	雷暴日	市	雷暴日
大同	39.7	阳泉	37.6	忻州	36.4
朔州	36.0	晋中	32.0	太原	31.6
长治	30.9	吕梁	29.9	晋城	26.1
临汾	25.9	运城	18.1		

图 2.2 给出了 1979—2013 年山西省 11 个市年平均雷暴日数变化，通过统计 11 个市 35 年的年平均雷暴日数变化，得出山西省年平均雷暴日数约为 31 d，年平均雷暴日数最高发生在 1990 年，约为 38 d，年平均雷暴日数最低发生在 2009 年，约为 22 d。此外，统计发现，山西省年平均雷暴日数呈现周期性变化，约为 10 年一个周期；周期内出现最低平均雷暴日数后，次年或第 3 年出现周期内最高平均雷暴日数。

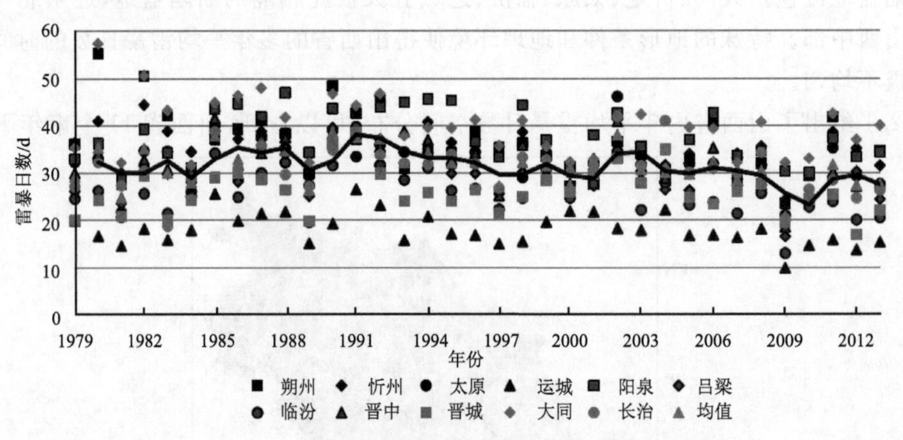

图 2.2　1979—2013 年山西省 11 个市年平均雷暴日数变化

将山西省 35 年的雷暴日数据按照 11 个市各市内各月最大雷暴日数进行统计，得到山西省全年逐月的雷暴日数据，如表 2.2 所示，其中，每年 7 月雷暴日数最高。各月雷暴日数分布存在明显的差异。每年 6—9 月为雷暴高发季节，冬季时期(12 月至次年 2 月)则几乎不发生雷暴。

表 2.2　山西省全年逐月雷暴日数　　单位：d

1月	0	2月	1.00	3月	1.06
4月	3.86	5月	8.60	6月	15.77
7月	17.71	8月	16.46	9月	10.14
10月	3.69	11月	1.18	12月	0

将山西省 11 个市按照从北向南、从东向西的方向，统计各市一年四季(春季为 3—5 月；夏季为 6—8 月；秋季为 9—11 月；冬季为 12 月至次年 2 月)的平均雷暴日数变化，如图 2.3 所

示，山西省北部季平均雷暴日数要高于南部季平均雷暴日；同一纬度地区东部季平均雷暴日数要高于西部季平均雷暴日数；以太原市与忻州市的交界处为山西省南北分界线（约为 38.5°N）统计，分界线以北各市秋季平均雷暴日数高于春季平均雷暴日数，距离分界线越远，春季和秋季雷暴日数偏差越大。

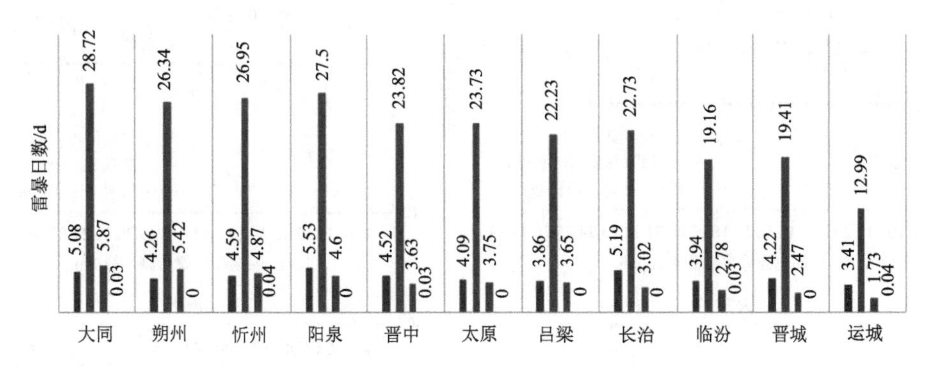

图 2.3　山西省各市季平均雷暴日变化
（从左至右分别代表春、夏、秋、冬）

2.2　雷暴日同闪电定位数据对比

雷声通常只在距离闪电 8～15 km 的范围内被观测人员听到，较好的情况下能达到 20 km，由于 ADTD 系统监测范围远远大于人工记录的监测范围，故选取观测站周围一定范围内（10～25 km）的闪电定位数据与人工数据对应比较，山西省雷暴日数据从 1978 年开始观测，2013 年为最后一个观测年，闪电定位数据为 2011—2020 年数据，利用交叉年份，即利用 2011—2013 年闪电定位仪数据估算山西省闪电定位仪所在城市（阳泉、大同、忻州、太原、吕梁、长治、运城）的年雷暴日数。

统计山西省 7 部闪电定位设备所在城市 2011—2013 年各年各市年雷暴日数，并计算各市年平均雷暴日数，结果如表 2.3 所示。

表 2.3　2011—2013 年山西省各市雷暴日数　单位：d

市	2011 年	2012 年	2013 年	2011—2013 年平均
阳泉	37	33	34	34.67
大同	43	37	40	40.00
忻州	39	35	31	35.00
太原	35	29	28	30.67
吕梁	29	30	24	27.67
长治	28	25	26	26.33
运城	16	14	15	15.00

以山西省 7 部闪电定位设备布设位置为圆心，以不同监测距离 R 为半径，在 10～25 km 范围内，每间隔 1 km 分别统计不同半径区域内对应的闪电定位数据，获得各市年平均雷暴日

数，并与当年该市年雷暴日数进行比较，从中找出两者相差最小的数值及对应监测半径，各市3年平均闪电日数与雷暴日数拟合结果如图 2.4 所示。

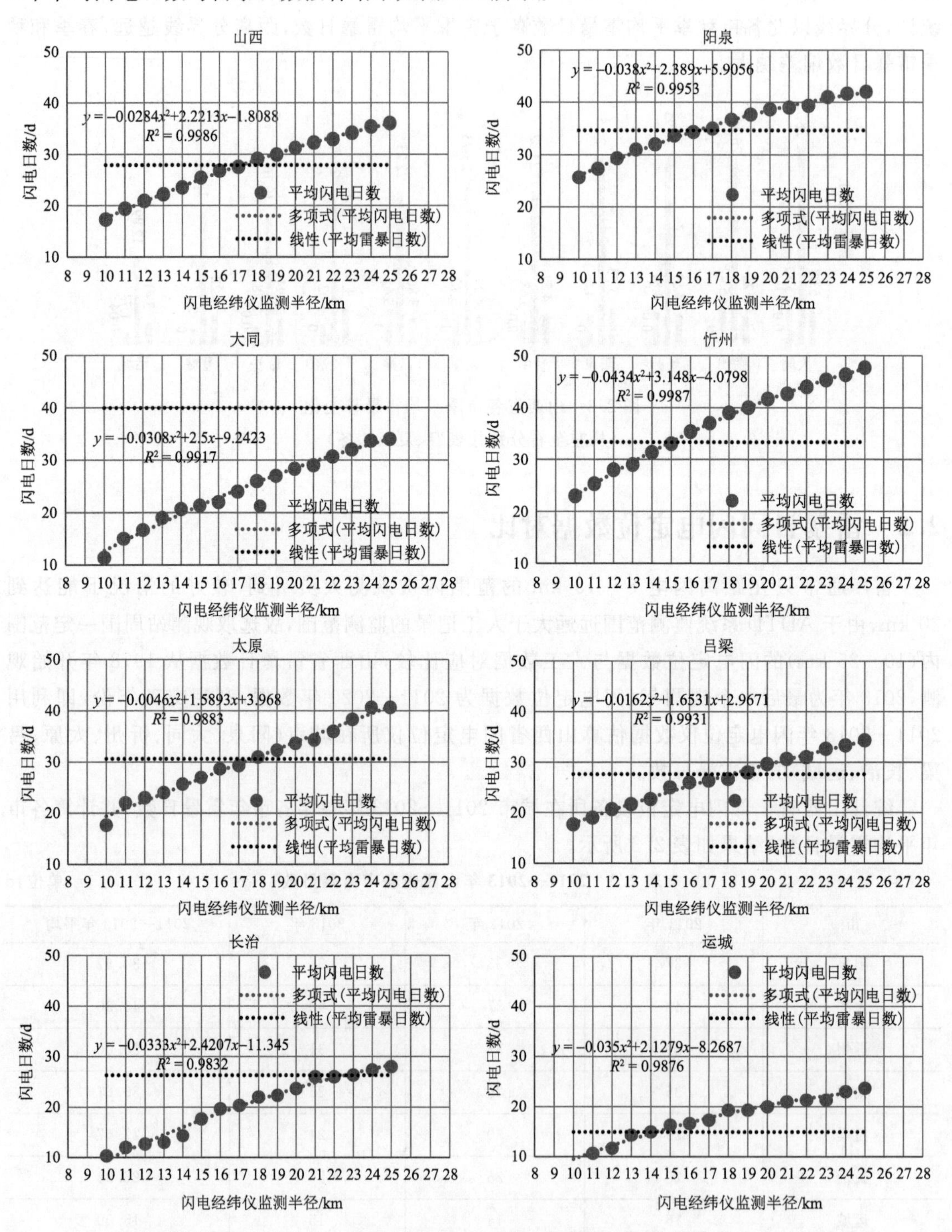

（x 代表监测半径，单位：km，y 代表计算的闪电日数，R^2 为决定系数，代表公式的拟合程度，数值越接近 1，拟合程度越高）

图 2.4　山西省及各市平均闪电日数变化曲线

利用闪电定位仪 3 站及以上监测数据作为闪电日数拟合数据源，与各市年平均雷暴日数对比，结果如图 2.4 所示，分析发现，大同气象观测站人工观测雷暴日数大于利用闪电定位仪监测得到的闪电日数，这可能是因为大同闪电定位仪布设位置位于山西省最北部，无法通过周围城市辅助监测，存在监测盲区。

利用间隔 1 km 距离各监测半径估测的平均闪电日数作多项式拟合，将平均雷暴日数与拟合多项式交叉距离作为最佳观测半径，统计结果如表 2.4 所示(不含大同)。

表 2.4　2011—2013 年山西省各市拟合最佳监测半径

市	拟合半径/km	市	拟合半径/km
阳泉	16.3	吕梁	18.2
忻州	15.2	长治	22.4
太原	17.9	运城	14.3

因此，山西省闪电定位监测半径与闪电日数拟合数据采用 6 个市平均结果进行拟合，建议采用 17 km 的监测范围作为全省年平均闪电日数估测半径。

2.3　闪电次数日变化、月变化

图 2.5 为山西省闪电次数平均日变化曲线。可以看出，山西省发生闪电的次数平均日变化是双峰值型，15 时为闪电出现次数的最高峰值，21 时为闪电发生的次高峰值。14—18 时为闪电多发时段，受太阳辐射的加热作用，低层空气出现不稳定，容易触发对流天气，该时段闪电活动最活跃。通常 05—10 时地面辐射冷却，低层空气趋于稳定，对流活动减弱，是一天中闪电发生次数最少的时段。从山西省雷电灾害资料分析，大多数雷电灾害事故发生在下午，02 时未统计到发生过雷电灾害事故，这与雷阵雨天气的发生时段吻合，也与人们户外活动有关。

图 2.6 为山西省闪电次数月变化曲线图。由图可以看出，曲线呈较为对称的单峰型，峰值出现在 7 月，冬季几乎没有雷电，10 月至次年 4 月是全省雷电相对少的半年，5—9 月是闪电相对多的半年，而 6—8 月的闪电占全年的 93.2%。闪电活动从 5 月开始增多，6 月明显增加，7 月达到峰值，8 月略有回落，9 月开始急剧减少。这种月变化特征与西太平洋副热带高压的月变化趋势十分一致，5 月开始地面气温明显升高，6 月西太平洋副热带高压北进西伸，山西省处于其北侧或西北侧，水汽输送充足，在西风带东移冷空气的影响下，容易形成对流性天气。

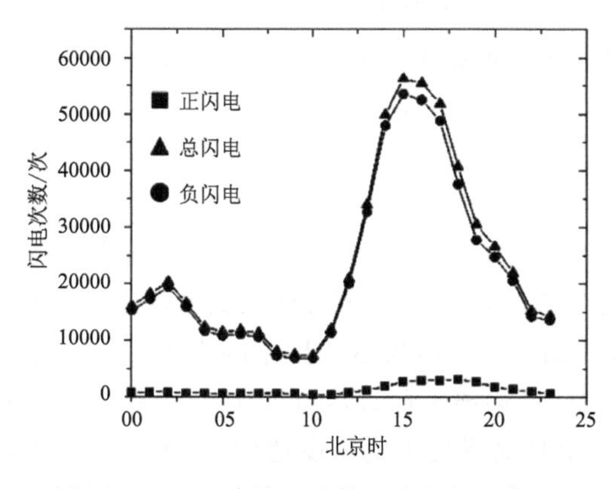

图 2.5　山西省闪电次数平均日变化曲线

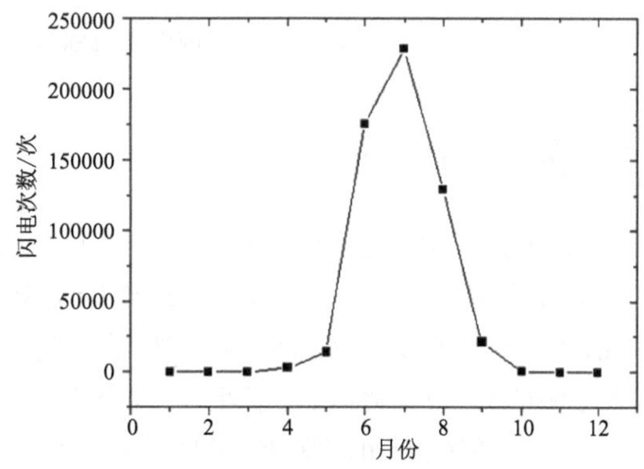

图 2.6　山西省闪电次数月变化曲线

2.4 闪电强度变化特征

由于山西省闪电定位方式为利用不少于 2 个监测站的数据进行定位，通过近年来的一些分析研究和闪电定位仪本身的定位原理可知，利用 3 个及以上监测站的监测结果才能获取更加可靠的闪电定位数据，本书研究涉及的闪电定位数据都是采用 3 站及以上的闪电数据；同时，考虑到过低或过高的闪电电流强度数据可能存在一些探测误差，设定一定阈值内的闪电进行分析，获取的闪电活动特征更加客观。

为了分析闪电的强度特征，本书将闪电强度分档，从 0～100 kA，每隔 10 kA 分为一等级，将大于 100 kA 分为一级，共分为 11 个等级。闪电在各档次之间的分布差异很大。闪电强度主要集中在 10～40 kA，约占 80.57%。

从图 2.7 正负闪电强度对比可以看出，正闪电强度分布相对比较平均。负闪电强度则相对比较集中，10～50 kA 等级占全部负闪电的 79.76%。值得注意的是，强度大于 100 kA 正负闪电所占比例都比较大，其中，正闪电占比 14.27%、负闪电占比 5.33%。

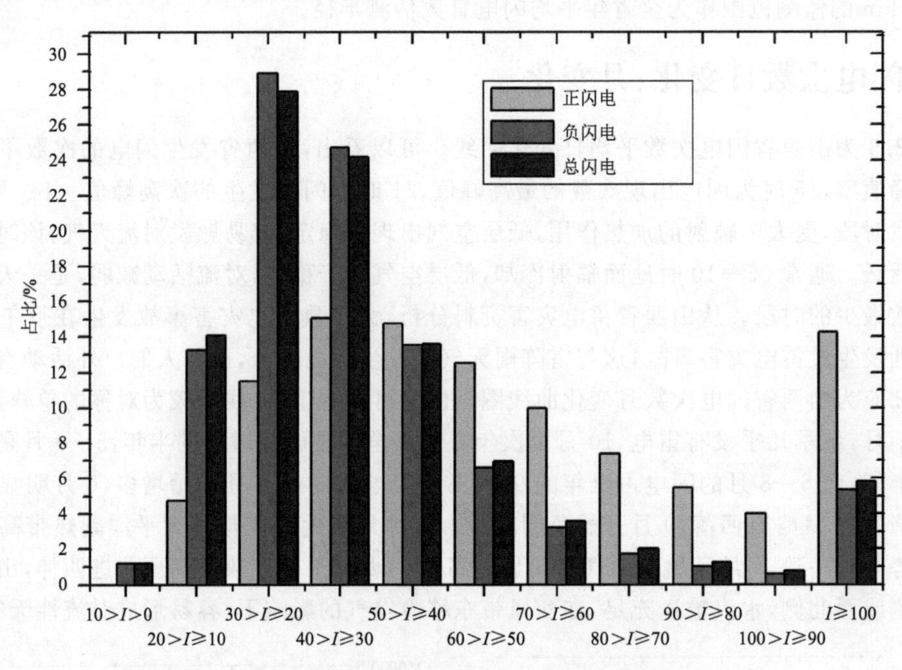

图 2.7 山西省闪电电流强度分布（I 代表电流强度，单位：kA）

2.5 闪电的空间分布

图 2.8 分别给出了 2011—2015 年、2016—2020 年、2011—2020 年山西省平均闪电密度分布（数据分辨率 3 km），从 2011—2020 年闪电密度分布可以看出，高密度的区域主要分布于山西省中部地区的朔州朔城区，忻州宁武县、静乐县、原平市、忻府区，长治沁县，阳泉城区、盂县、平定县，太原阳曲县、杏花岭区、尖草坪区、古交市、清徐县，吕梁离市区、汾阳市、兴县、交城县等。其中，太原尖草坪区、忻州原平市、阳泉盂县与晋中寿阳县交界处闪电密度达到 40 次/(a · km^2)。低密度的区域主要为大同、运城、长治和晋城部分地区。从 2011—2015 年、2016—2020 年闪电密

度分布变化可以看出，2016—2020 年山西省闪电密度高发区域面积总体在减小。

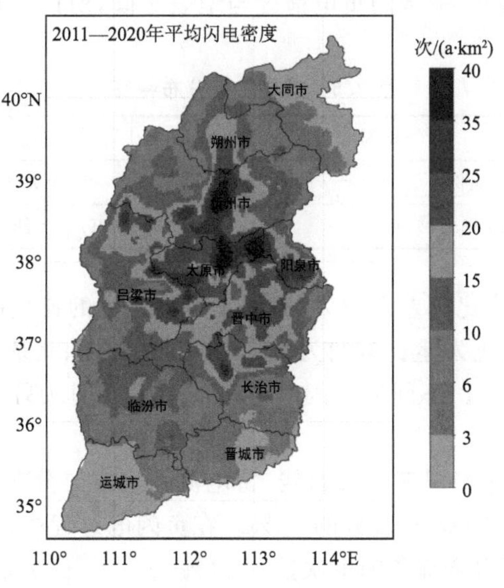

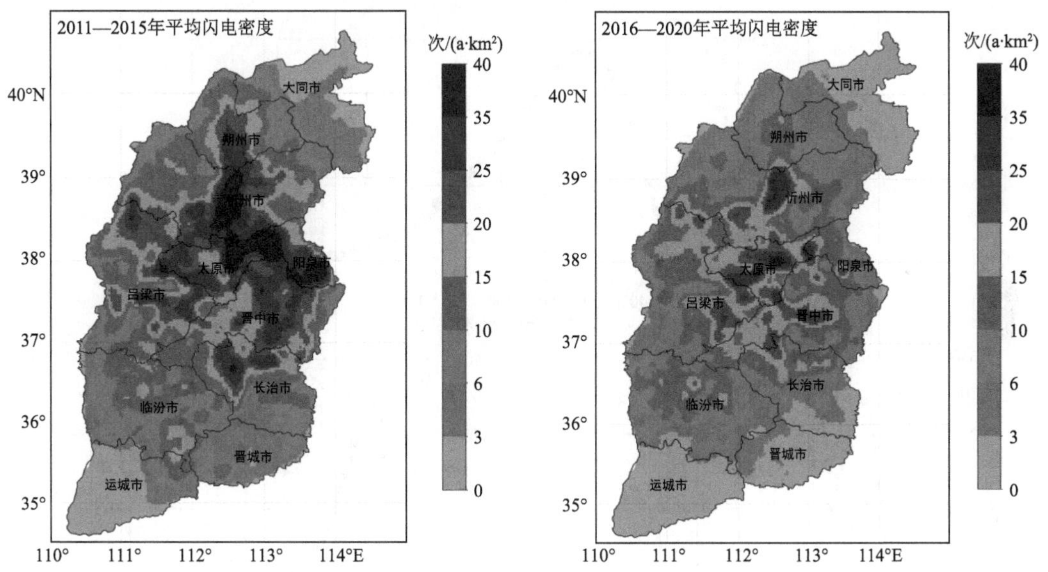

图 2.8 山西省闪电密度分布(另见彩图)

山西省闪电密度除地形的影响以外，还可能反映了山西省南北气候影响系统的差异。北部闪电活动，可能与频繁的过境冷锋密切相关，南部闪电活动可能与副热带高压的北跳、西伸以及长期持续与否有关。同时也可以看到，东部太行山区比西部的吕梁山区闪电活动相对较多。东部太行山区紧靠华北平原，受太行山的阻挡，对流层低层的暖湿气流难以深入山西省中西部，东部在华北冷涡后部横槽的影响下，容易形成对流性不稳定层结。

2.6 雷电流特征

表 2.5 给出了 2011—2020 年闪电极性分布特征。从表中数据可知，闪电绝大部分为负闪

电，约占闪电总数的83.75%，但正闪电平均电流强度(84.9 kA)明显高于负闪电(46.4 kA)。由于大多数地闪发生在雷暴云下部的负电荷区与地表之间，所以一次雷暴过程中的负闪电总数要远多于正闪电总数。

表2.5　闪电极性分布特征

闪电总数	正闪电		负闪电	
	频次(比例)	平均强度/kA	频次(比例)	平均强度/kA
1184817	192576(约16.25%)	84.9	992241(约83.75%)	46.4

不同地区正闪电的发生比例差别较大，通常正闪电发生的比例随着纬度的增加和海拔高度的增加而增加，在海平面上发生比例约为3%，而在以甘肃和北京为代表的我国北方地区发生的比例平均为12%～16%。不同地区闪电活动的明显差别从另一个方面表明了各地对流活动的巨大差异。

图2.9给出了闪电雷电流强度分布曲线，雷电流强度主要分布范围为40～100 kA，该强度范围内正闪电次数占全部正闪电次数的63%。在负闪电过程中，雷电流强度主要分布范围为25～45 kA，该强度范围占全部负闪电次数的54%。

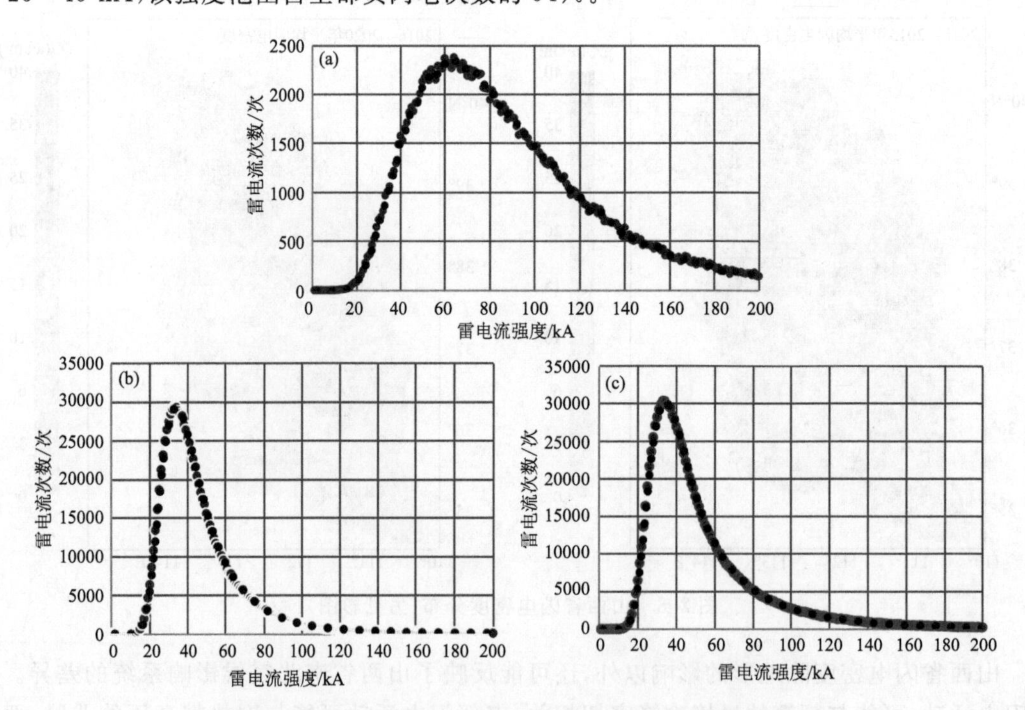

图2.9　正(a)、负(b)、总(c)闪电雷电流强度分布曲线

国际上，国际电气和电子工程师协会(IEEE)与国际大电网研究协会(CIGER)推荐使用的雷电流强度累积概率表达式分别为式(2.1)和式(2.2)，这类公式可归纳为式(2.3)：

$$P_{\mathrm{IEEE}}=1\Big/\left[1+\left(\frac{I_{\mathrm{p}}}{31}\right)^{2.6}\right] \tag{2.1}$$

$$P_{\mathrm{CIGER}}=1\Big/\left[1+\left(\frac{I_{\mathrm{p}}}{12}\right)^{2.7}\right] \tag{2.2}$$

$$P_c = 1\Big/\left[1+\left(\frac{I_p}{a}\right)^b\right] \tag{2.3}$$

式中，I_p 为雷电流强度（kA），P_{IEEE} 为 IEEE 推荐雷电流强度大于 I_p 的累积概率，P_{CIGER} 为 CIGER 推荐雷电流强度大于 I_p 的累积概率，P_c 为雷电流强度大于 I_p 的累积概率，代表 P_{IEEE} 和 P_{CIGER} 的特征量，a 和 b 为经验常数。

《交流电气装置的过电压保护和绝缘配合设计规范》(2014 版）推荐采用式(2.4)及式(2.5)。

$$\lg P = -I/88 \tag{2.4}$$

$$\lg P = -I/c \tag{2.5}$$

式中，I 为雷电流强度(kA)，P 为雷电流强度大于 I 的累积概率，c 为经验常数。

对正闪电、负闪电及总闪电的雷电流强度进行概率统计分布，如图 2.10 所示，负闪电雷电流强度集中在 20～60 kA，正闪电雷电流强度集中在 30～120 kA。

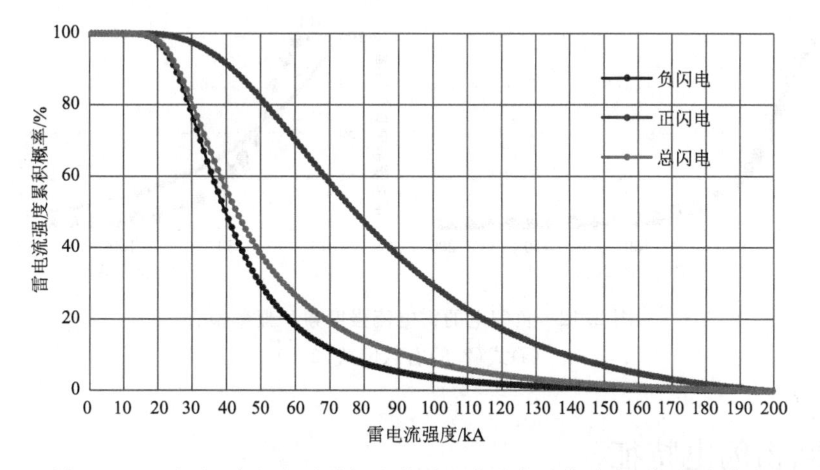

图 2.10　正闪电、负闪电及总闪电的雷电流强度及其对应累积概率分布

因此，分别根据式(2.3)和式(2.5)对 2011—2020 年正闪电和负闪电进行拟合，并得到相应的累积概率表达式。

按照式(2.3)和式(2.5)对山西省 2011—2020 年正闪电结果进行拟合，分别得到拟合式(2.6)和式(2.7)，从图 2.11 可以看出，按照式(2.6)拟合结果更符合山西省正闪电的雷电流强度累积概率分布曲线特征。

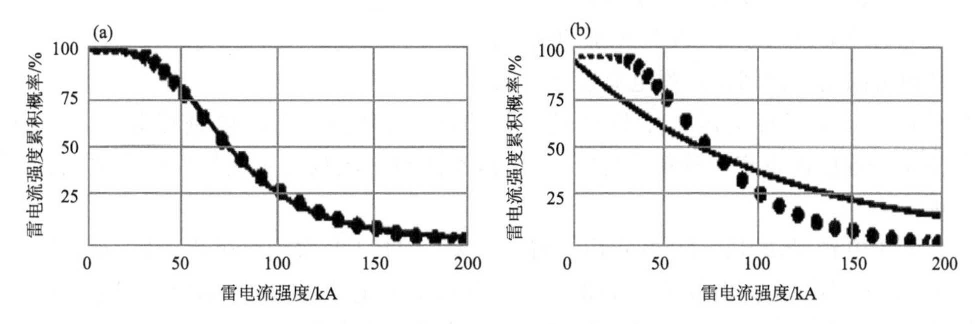

图 2.11　正闪电的雷电流强度累积概率拟合

(a)式(2.6)，(b)式(2.7)

$$P_{+}=1\Big/\left[1+\left(\frac{I_{\mathrm{p}}}{77.22}\right)^{3.64}\right] \tag{2.6}$$

$$\ln P_{+}=-I_{\mathrm{p}}/107.6 \tag{2.7}$$

式中，I_{p} 为雷电流强度(kA)，P_{+} 为雷电流强度大于 I_{p} 的累积概率。

按照式(2.3)和式(2.5)对山西省 2011—2020 年负闪电结果进行拟合，分别得到拟合式(2.8)和式(2.9)。

$$P_{-}=1\Big/\left[1+\left(\frac{I_{\mathrm{p}}}{39.88}\right)^{3.85}\right] \tag{2.8}$$

$$\ln P_{-}=-I_{\mathrm{p}}/54.49 \tag{2.9}$$

式中，I_{p} 为雷电流强度(kA)，P_{-} 为雷电流强度大于 I_{p} 的累积概率。

从图 2.12 可以看出，按照式(2.8)形式拟合结果更符合山西省负闪电的雷电流强度累积概率分布曲线特征。

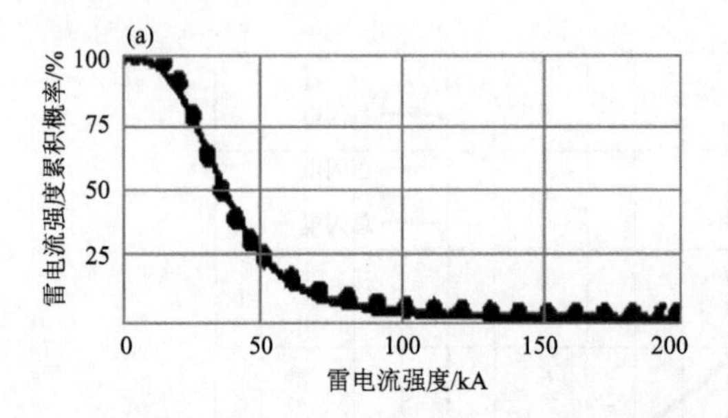

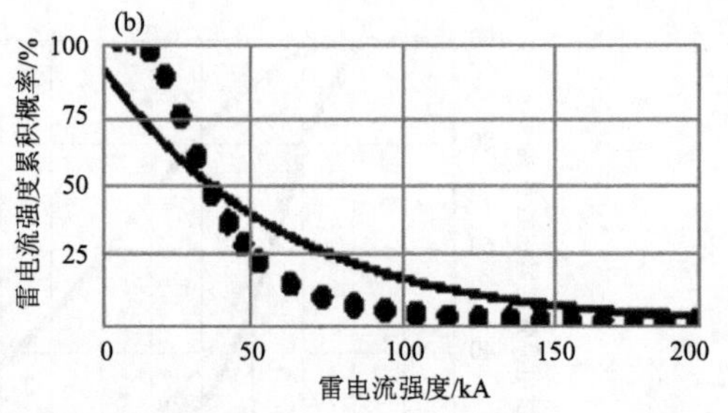

图 2.12　负闪电的雷电流强度累积概率拟合

(a)式(2.8)右，(b)式(2.9)

2.7　多回击闪电特征

闪电放电过程有单次回击或多次回击。含有两次或以上的回击闪电称为多回击闪电。为了更加科学有效地全面分析山西省 2011—2020 年发生的多回击闪电特征，在选取分析数据时，采用以下几种指标作为多回击闪电的判定指标。

①连续两次闪电定位数据时间间隔小于 0.5 s；

②连续两次闪电定位数据经纬度间隔小于 0.1°；

③闪电定位数据由 3 站定位获取；

④闪电电流强度大于 5 kA 且小于 200 kA；

⑤多回击闪电几次回击过程电流极性一致。

按照上述 5 条指标对闪电定位资料进行筛选，提取多回击闪电进行分析，对 10 年由 ADTD 系统获取的闪电定位资料进行统计分析，不同回击次数所对应的闪电次数及百分比如表 2.6 所示。

从表 2.6 中看到，2011—2020 年山西省一共发生 949389 次闪电过程，其中单次回击闪电发生 787957 次，多回击闪电发生 161432 次；在单回击闪电中，正极性单回击闪电 187684 次，负极性单回击闪电 600273 次，正极性单回击闪电次数约占负极性单回击闪电次数的 31%；在多回击闪电中，负极性闪电 159008 次，正极性闪电 2421 次，正极性多回击闪电次数约占负极性多回击闪电次数的 1.5%，远低于单回击比值，这表明正极性多回击闪电比例很低，负极性闪电更易形成多回击过程。一次多回击闪电最多包含 14 次回击，平均每次闪电包括回击次数为 1.25 次。山西省负极性多回击闪电平均包含回击数 1.26 次，一次负极性多回击闪电最多包含 14 次回击，正极性多回击闪电平均包含回击数 1.19 次，一次正极性多回击闪电最多仅包含 4 次回击。由于正极性闪电通常回击电流强度较大，释放了更多的电荷能量，导致闪电回击数量偏少。山西省多回击闪电占比为 17%，不同极性类型的闪电其多回击占比差别很大，负闪电多回击占比为 20.94%，正闪电多回击比例仅占 1.27%，从总闪电回击数分布看，4 次以下回击闪电占绝大多数。

表 2.6　2011—2020 年山西省闪电回击次数分布及百分比

回击次数/次	总闪电次数/次	负闪电次数/次	正闪电次数/次	所占百分比/%		
				占总闪电	占负闪电	占正闪电
1	787957	600273	187684	83.00	79.06	98.73
2	114062	111689	2373	12.01	14.71	1.25
3	30860	30814	46	3.25	4.06	0.02
4	10302	10300	2	1.09	1.36	0.00
5	3795	3795	0	0.40	0.50	0.00
6	1499	1499	0	0.16	0.20	0.00
7	551	551	0	0.06	0.07	0.00
8	219	219	0	0.02	0.03	0.00
9	97	97	0	0.01	0.01	0.00
10	30	30	0	0.00	0.00	0.00
11	11	11	0	0.00	0.00	0.00
12	4	1	0	0.00	0.00	0.00
13	0	0	0	0.00	0.00	0.00
14	2	2	0	0.00	0.00	0.00
合计	949389	759281	190105	100.00	100.00	100.00

回击电流强度是研究多回击闪电特征的重要参数之一。通过数理统计方法，分析了山西省 2011—2020 年多回击闪电的雷电流强度，负极性多回击闪电的平均雷电流强度为 42.77 kA，正极性多回击闪电的平均雷电流强度为 79.11 kA。图 2.13 给出山西省不同雷电流强度下正负极性多回击闪电的雷电流强度与其对应累积概率分布。

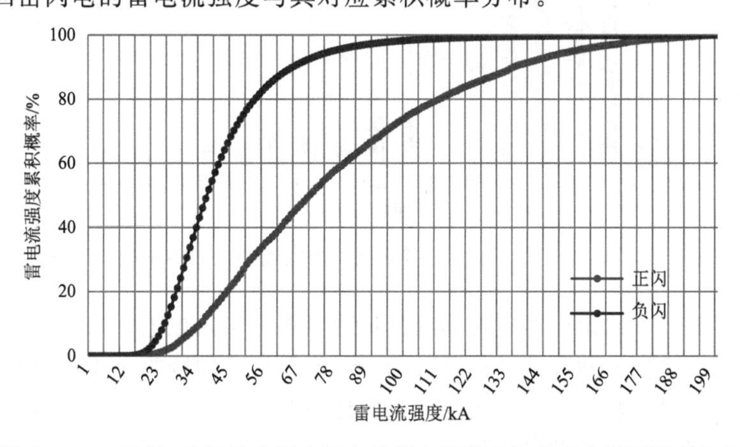

图 2.13　正极性、负极性多回击闪电的雷电流强度与其对应累积概率分布

从图 2.13 中可见，负闪多回击闪电中电流强度在 45 kA 以下的次数最多，比例超过 60%，超过 90%的电流强度小于 60 kA，从 20～90 kA 的负闪次数分布依次减少。正闪多回击闪电中电流强度在 30 kA 以下的次数占比为 5.58%，30～100 kA 的次数分布最多，比例为 68%，20～135 kA 的次数分布比例超过 90%，电流强度 20～190 kA 次数分布依次减少，电流强度超过 190 kA 的次数只有 30 次。表 2.7 列出多回击闪电的首次回击、继后回击平均电流强度。可以看到，正极性多回击闪电的首次回击和继后回击平均电流强度分别为 99.36 kA 和 58.72 kA，负极性多回击闪电的首次回击和继后回击平均电流强度分别为 46.57 kA 和 40.11 kA。由此可知，首次回击的电流强度多数大于继后回击的电流强度。对于正极性多回击闪电，继后回击与首次回击的平均电流强度比值约为 0.59；对于负极性多回击闪电，继后回击与首次回击的平均电流强度比值约为 0.86。

表 2.7　2011—2020 年山西省正负极性多回击闪电平均电流强度

多回击闪电	平均电流强度/kA		
	首次回击	继后回击	比值（四舍五入保留 2 位小数）
正闪	99.36	58.72	0.59
负闪	46.57	40.11	0.86
总闪	47.37	40.29	0.85

为了研究山西省多回击闪电相邻两次回击间隔时间（以下简称回击间隔）的概率分布，以 25 ms 为间隔，统计所有样本数据的回击间隔。图 2.14 为 2011—2020 年山西省不同回击间隔的多回击闪电的次数与累积概率分布。可以看到，回击间隔分布呈准正态分布，回击闪电发生频率最高的时间间隔为 50～125 ms 区段，而间隔时间在 50～125 ms 的回击闪电约占 60%。正地闪多回击的时间间隔算术平均值为 84.54 ms，负地闪多回击的时间间隔算数平均值为 135.98 ms。

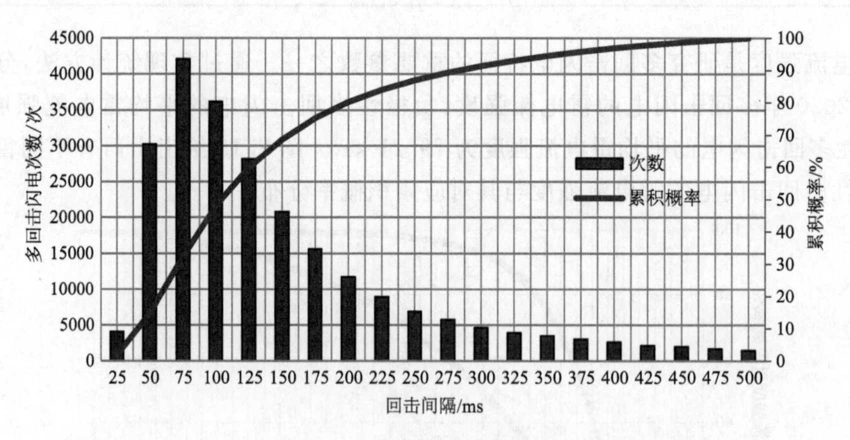

图 2.14　2011—2020 年山西省不同回击间隔的次数与累积概率分布

为便于比较，表 2.8 给出山西省与国内其他地区多回击闪电的回击间隔算术平均值比较，列出福建、京津冀的多回击间隔统计值，可以看到，山西回击间隔算术平均值与福建基本一致，与京津冀存在差异的原因，一是本书统计分析的地域范围较大，时间跨度较长，数据样本量大；二是可能因地理、气候环境的差异所致。

表 2.8　山西省与国内其他地区多回击闪电的回击时间间隔算术平均值

区域	样本数/个	算术平均值/ms
山西	235295	135.45
京津冀	60	60.03
福建	241726	135.36

2.8　海拔分布特征

山西省地处华北西部的黄土高原东翼，境内有山地、丘陵、高原、盆地、台地等多种地貌类型。地貌从总体来看是一个被黄土广泛覆盖的山地高原，整个轮廓略呈由东北倾斜向西南的平行四边形。

山西省总的地势是“两山夹一川”，东西两侧为山地和丘陵隆起，中部为一列串珠式盆地沉陷，平原分布其间。东部是以太行山为主脉形成的块状山地，由北往南主要有恒山、句注山、五台山、系舟山、太行山、太岳山和中条山脉及其所属的历山、析城山等，其山势挺拔雄伟，境内大部分地区海拔在 1500 m 以上。根据山西省高程数据绘制海拔分布，如图 2.15a 所示。由于雷暴多为中尺度天气，利用 1 km 分辨率山西省内海拔数据按照 15 km 距离 225 个网格点内最高海拔和最低海拔差进行统计，根据高度偏差 200 m 间隔取高度偏差区间 200～2000 m 进行统计，得到山西省高度差分布，如图 2.15b 所示。

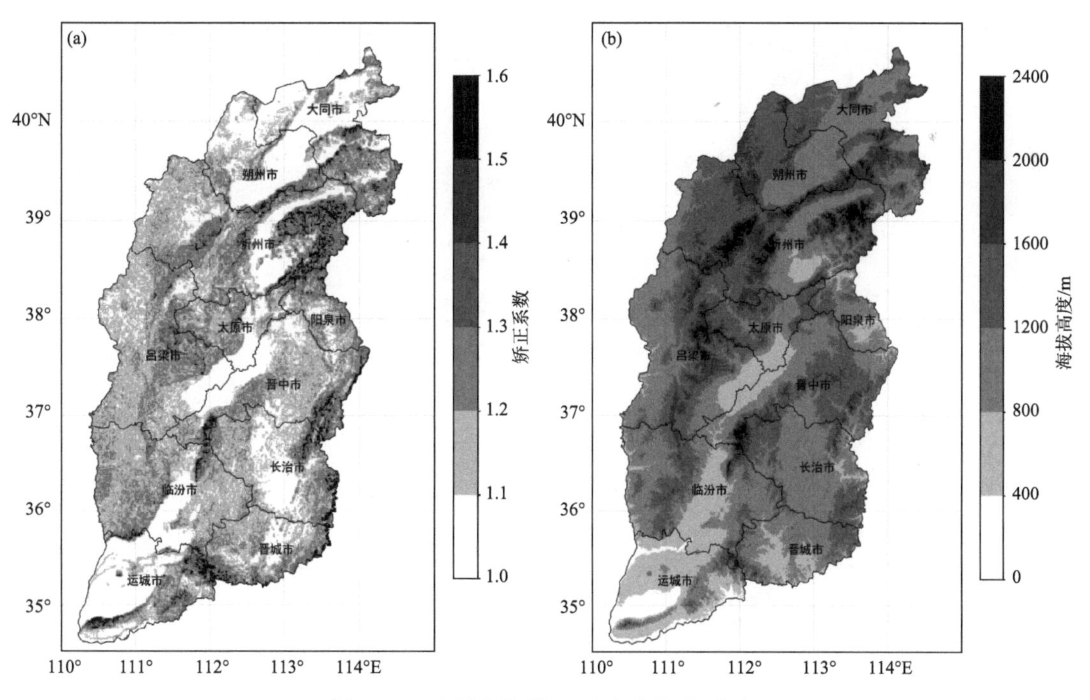

图 2.15　山西省海拔(a)和高度差(b)分布

通过数据统计山西省有落雷点面积占 146793 km^2，将山西省海拔按照从 500～2000 m 间隔 100 m 统计各高度区间占地面积，与山西省有效落雷面积作比值，将各海拔区间内闪电密度进行拟合，得到散点分布并拟合曲线如图 2.16 所示，可知，山西省高海拔地区闪电密度更大，即山西省闪电空间分布呈现山川多于谷底的分布特征。

将闪电密度与对应海拔数据进行线性分析，得到各海拔区间闪电密度拟合如式(2.10)所示，得到 R^2 为 0.78，拟合结果较为可信。

$$P=0.5185+0.0002H \tag{2.10}$$

式中，P 为闪电密度，H 为海拔高度，单位：m。R^2 为决定系数，代表公式的拟合程度，数值越接近 1，拟合程度越高，一般取 R^2 大于 0.7。

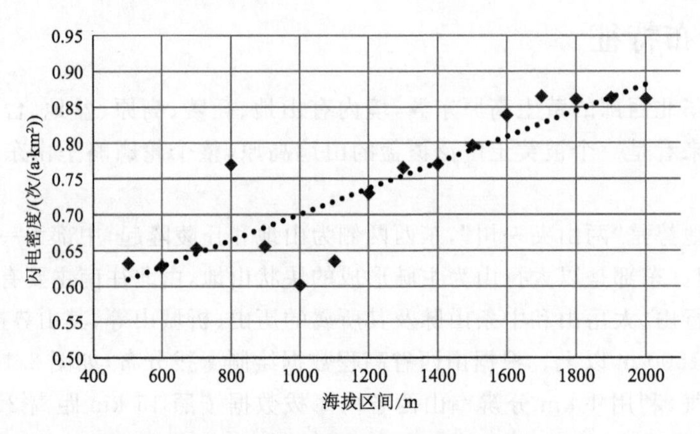

图 2.16　各海拔区间闪电密度变化

第3章　雷暴天气识别及预警

3.1　雷暴产生的环境场参数特征

3.1.1　资料与方法

本节利用统计方法详细分析山西省雷暴天气产生的环境场参数特征。2009—2018年山西省109个国家自动气象站(简称国家站)(图3.1)的重要天气报资料,对于雷暴天气的认定,以重要天气预报中雷暴的天气现象记录为准,其中雷暴天气现象代码为49。雷暴事件的统计标准是在每日08时(北京时,下同)到次日08时只要在重要天气预报中某站有雷暴记录出现,即认为发生一次雷暴。

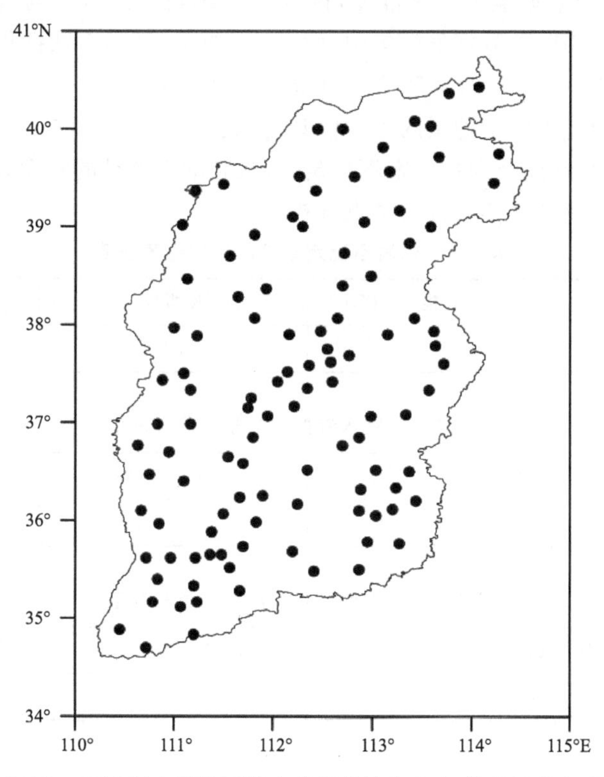

图3.1　2009—2018年山西省国家自动气象站分布(●代表国家自动气象站)

ERA5是由欧洲中期天气预报中心(ECMWF)打造的第五代再分析数据集。ERA5在其前身ERA-Interim的基础上实现了很大升级,首先,时空分辨率的大幅提升,用户可以在水平分辨率为31 km、从地表开始降至0.01 hPa共137个模式层的情况下获取大气变量的逐小时估计数据，而 ERA-Interim 的时空分辨率分别是 80 km 和 6 h，垂直方向上是从地面开始到 0.1 hPa，共 60 层；其次，ERA5 首次利用由 10 个成员组成、时间分辨率为 3 h、空间分辨率为 62 km 的集合再分析产品来评估大气的不确定性；最后，ERA5 提供的变量由 ERA-Interim 的 100 种增加到 240 种。对于某一位置的物理量数据，采用双线性插值方法来获取。针对雷暴发生时间，取最临近小时时刻的数据。

3.1.2 环境场参数特征

强对流天气的发生必须具备三个基本条件，即一定的抬升条件、水汽供应和不稳定条件。因此，分析这三个基本条件的具备情况是分析和预报强对流天气不可避免而且十分重要的问题。郝莹等(2007)、冯民学等(2012)利用优选的一些重要物理量参数所研发的潜势预报系统也都取得了不错的预报效果。

由于 ERA5 中反映上述某一基本条件的物理量可能涉及多个，此处定义针对某一物理量的表征值(Var)，其计算公式如下：

$$\mathrm{Var}=\frac{\mathrm{Std}_{\mathrm{test}}}{\mathrm{Std}_{\mathrm{total}}} \tag{3.1}$$

式中，Var 表示动力条件的物理量表征值，$\mathrm{Std}_{\mathrm{test}}$ 和 $\mathrm{Std}_{\mathrm{total}}$ 分别表示某一物理量针对测试集上发生雷暴时和针对整个数据集上的标准差，此处的训练集和测试集与 3.2 节相同。$\mathrm{Std}_{\mathrm{test}}$ 越小，即测试集中发生雷暴时的数据值越集中，而 $\mathrm{Std}_{\mathrm{total}}$ 越大，即整个数据集中的数据值越分散，Var 就越小，那么可认为该变量对雷暴的预报相对更为重要。

根据上述方法，通过不同物理量的表征值对比(表 3.1～表 3.3)发现，K 指数、700 hPa 相对湿度和 850 hPa 垂直速度分别在代表不稳定、水汽和动力条件的物理量表征值中均为最小。因此，这里选择这三个物理量参数进行重点分析。

表 3.1 代表不稳定条件的物理量表征值

要素	对流有效位能(CAPE)	K 指数	总指数
Var	1.45	0.32	1.18

表 3.2 代表水汽条件的物理量表征值

要素	850 hPa 相对湿度	700 hPa 相对湿度	500 hPa 相对湿度
Var	0.85	0.57	0.75

表 3.3 代表动力条件的物理量表征值

要素	850 hPa 散度	700 hPa 散度	500 hPa 散度	850 hPa 垂直速度	700 hPa 垂直速度	500 hPa 垂直速度
Var	1.09	1.09	1.09	0.97	1.30	1.32

3.1.2.1 动力条件

图 3.2 给出了 850 hPa 垂直速度随月份的变化情况，可以看到，4 月，850 hPa 垂直速度的数据离散度最大，上下四分位数间隔达到 4.5×10^{-1} Pa/s，之后随月份增加，数据离散度逐渐减小，到 8 月，上下四分位数间隔减小到 2.8×10^{-1} Pa/s，之后到 10 月，数据离散度又开始增大，达到 3.7×10^{-1} Pa/s。从中位数来看，4—10 月，850 hPa 的垂直速度均为负值，这表明雷

暴发生时，低层 850 hPa 通常伴有上升运动；随着月份的增加，850 hPa 的平均垂直速度呈现先加大后减小的“单峰”式变化，9 月的上升运动最弱，上升速度为 0.4×10^{-1} Pa/s。

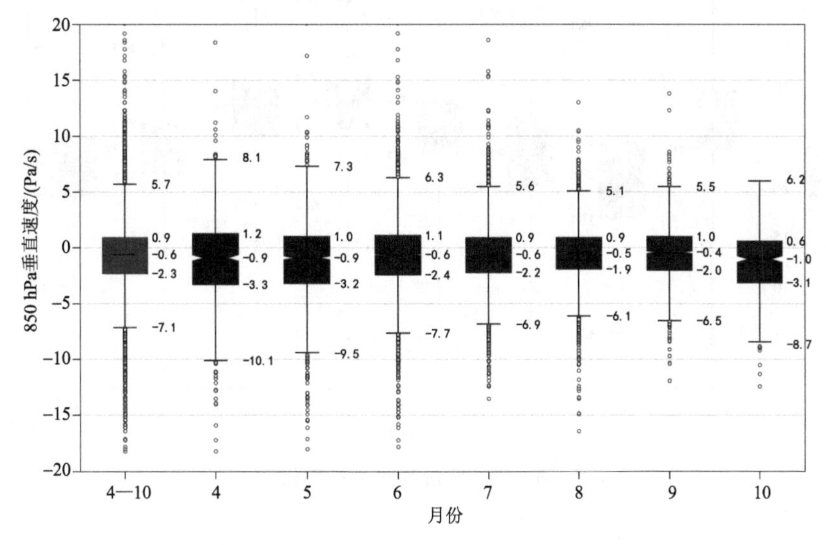

图 3.2　850 hPa 垂直速度的逐月变化

3.1.2.2　水汽条件

图 3.3 给出了 700 hPa 相对湿度随月份的变化情况，可以看到，在雷暴多发月份(6—8 月)，700 hPa 的相对湿度数据分布较其他月份更为集中，雷暴多发月份 700 hPa 相对湿度的上下四分位数间隔在 17.2%～21.7%，而非多发月份在 20.1%～28.5%。从中位数来看，4—6 月的 700 hPa 相对湿度在 66%～71%，而 7—10 月，相对湿度出现增大，在70%～81%。

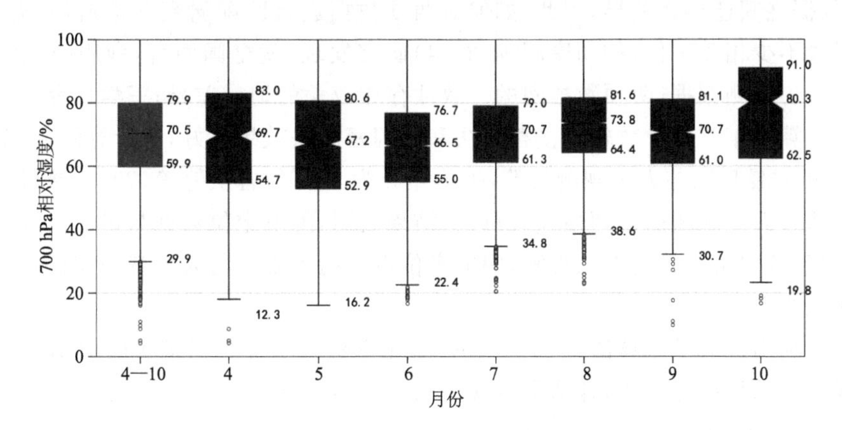

图 3.3　700 hPa 相对湿度的逐月变化

3.1.2.3　不稳定条件

图 3.4 给出了 K 指数随月份的变化情况，可以看到，K 指数具有明显的月变化趋势，其上、中、下四分位数在 4—10 月均表现出了先增加后减小的趋势，7 月达到最大值，K 指数中位数为 28.8 ℃。

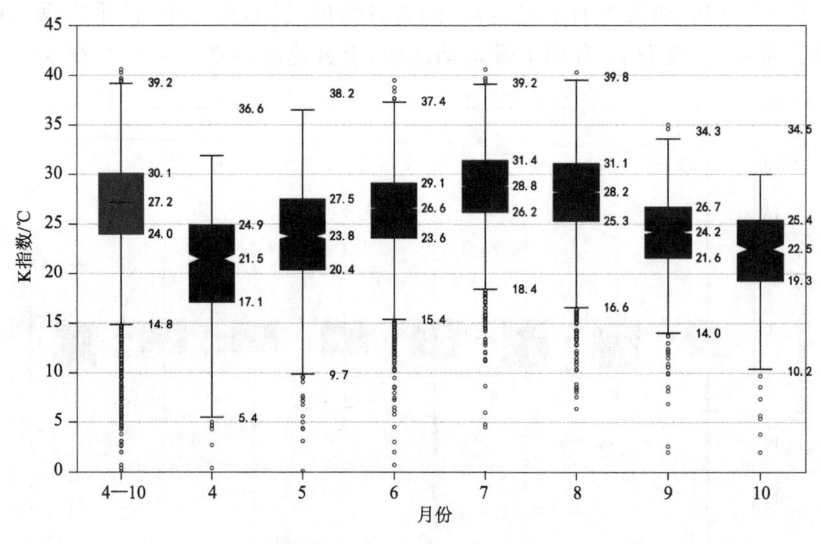

图 3.4　*K* 指数的逐月变化

3.2　雷暴客观识别方法

雷暴日是反映某一地区雷电活动的重要参数，我国很长一段时间采用人工观测的方式来记录雷暴日，根据规定，只要在 1 日内闻雷一次或以上，即统计为 1 个雷暴日，该观测结果容易受站点环境、观测人员听力、雷电强度以及背景噪声等因素影响，因此，人工观测手段实际上存在一定的局限性。自 2014 年起全国地面气象观测业务进行调整，取消了雷暴等 13 种天气现象观测，并开始采用闪电定位仪器取代人工观测。尽管闪电定位仪能精确定位雷电的活动情况，但两项数据之间还存在差异，因此，如何对两项数据进行匹配研究非常迫切，近年来，许多学者也开展过不少相关工作，如周康辉等(2014)研究发现，就全国而言，利用闪电转换得到的雷暴稍多于人工观测数据，两项数据间的一致性存在较大的地域差异；王学良等(2014)提出的基于二元法计算的年雷暴日数较直接替代法和地闪密度法效果更好，其计算的 2007—2012 年 25 个站平均年雷暴日数与人工观测相等，平均差异为 7.4%；曾庆锋等(2018)探讨了闪电定位数据替代雷暴日人工观测的合理性和可行性，结果表明，闪电定位数据与雷达回波具有较好的一致性，可用于替代雷暴日的人工观测，闪电定位得到的雷暴日与人工观测雷暴日的年平均误差 2.8 d，平均误差率 4.3%。

本节主要利用机器学习算法，探索了 ERA5 在雷暴天气客观识别中的应用研究，同时，通过与人工观测雷暴日进行对比，评估了客观识别产品的性能。

3.2.1　资料与方法

3.2.1.1　机器学习算法简介

选择的机器学习算法有决策树、随机森林、梯度提升决策树(GBDT)、极端梯度提升决策树(XGBoost)和多层感知器(MLP)等。决策树是一种非参数的监督学习算法，能够从一系列有特征和标签的数据中总结出决策规则，并用树状图的结构来呈现这些规则，其本质是选择一个最大信息增益的特征值进行树的分割，直到达到结束条件或叶子节点纯度达到阈值。该算法因容易理解被广泛应用于分类和回归问题中，比如降水相态识别。随机森林是 Bagging 算法族的集成学习的代表算法之一，在要素预报方面有着广泛的应用，该算法可独立构建多个基学习器，基学习器之间并无强依赖关系。GBDT 使用的是 Boosting 的思想，与 Bagging 算法所不同的是，其基学习器之间存在强烈的依赖关系。XGBoost 是一种基于 GBDT 算法的改进算法，在并行计算效率、缺失值处理、控制过拟合、预测泛化能力上表现非常优秀。MLP 也被称为前馈神经网络，或者被称为人工神经网络，通过在算法中设置多个节点，在训练模型时，输入的特征与预测的结果用节点来表示，系数（又称为“权重”）用来连接节点，神经网络模型的学习就是一个调整权重的过程，训练模型一步步达到想要的效果，该模型被视为广义的线性模型。

3.2.1.2　预报因子选择

根据雷暴发生“三要素”（动力、水汽、不稳定），选择以下特征物理量：CAPE、K 指数、500 hPa垂直速度、700 hPa 垂直速度、850 hPa 垂直速度、500 hPa 相对湿度、700 hPa 相对湿度和 850 hPa 相对湿度作为模型的预报因子。

3.2.1.3　数据集的构建与划分

利用近 10 年重要天气预报数据，首先形成雷暴日数据集，精确到小时，计算该小时时刻所有雷暴发生位置的预报因子参数值，同时，增加雷暴的标签值 1（1 表示有雷暴，0 表示无雷暴），共得到 21610 个样本；针对雷暴日以外的日期，计算每日 02 时、08 时、14 时和 20 时山西省 11 个市（大同、朔州、忻州、吕梁、太原、阳泉、晋中、临汾、长治、运城、晋城）气象站点所在位置的预报因子参数值，形成非雷暴日数据集，同时，增加雷暴的标签值 0，共得到 46684 个样本。将这两个数据集共同构成整个数据集。

将整个数据集中的 2009—2016 年数据作为训练集，用来构建雷暴天气的客观识别模型；2017—2018 年数据作为测试集，以验证模型的识别能力。

3.2.1.4　模型评估指标

模型评估所用的指标包括临界成功指数（CSI）、命中率（POD）和虚假报警率（FAR），其计算公式分别如下：

$$\mathrm{CSI}=N_{\mathrm{Hit}}/(N_{\mathrm{Hit}}+N_{\mathrm{Failure}}+N_{\mathrm{False}}) \tag{3.2}$$

$$\mathrm{POD}=N_{\mathrm{Hit}}/(N_{\mathrm{Hit}}+N_{\mathrm{Failure}}) \tag{3.3}$$

$$\mathrm{FAR}=N_{\mathrm{False}}/(N_{\mathrm{Hit}}+N_{\mathrm{False}}) \tag{3.4}$$

式中，N_{Hit}为识别正确的次数，N_{False}为空识别的次数，N_{Failure}为漏识别的次数。$0\leqslant \mathrm{POD}\leqslant 1.0$，$0\leqslant \mathrm{FAR}\leqslant 1.0$，$0\leqslant \mathrm{CSI}\leqslant 1.0$，POD、CSI 越接近于 1.0，FAR 越接近于 0.0，表明模型的识别能力越好。

3.2.2　雷暴客观识别产品性能评估

通过表 3.4 可以看出，这些机器学习模型对 4—10 月山西省雷暴天气的客观识别能力表现突出，所有模型的命中率均达到 0.85 或以上，尤其是随机森林、GBDT、XGBoost模型高达 0.90，同时，所有模型的虚假报警率均较低，都在 0.10 以下。比较来看，基于决策树集成学习的随机森林、GBDT 和 XGBoost 模型均比单一决策树模型表现略优，而 MLP 模型在所有模型中表现最差。下面，以表现较为优异的 GBDT 模型为例，考察了模型性能在不同月份和针对不同海拔高度站点的表现情况。

表 3.4 4—10 月不同模型的预报评估结果

模型	临界成功指数(CSI)	命中率(POD)	虚假报警率(FAR)
决策树	0.82	0.89	0.08
随机森林	0.84	0.90	0.07
GBDT	0.84	0.90	0.07
XGBoost	0.84	0.90	0.07
MLP	0.81	0.85	0.05

3.2.2.1 月份

图 3.5 给出了雷暴天气识别模型 GBDT 的命中率随不同月份的变化情况。可以看出，模型性能在 4—10 月表现出明显的“单峰”式变化趋势，模型在 4 月命中率较低，仅为 0.45，5 月命中率迅速提高到 0.82，7 月和 8 月又进一步提高到 0.97，9 月降低至 0.78，10 月再次降低至 0.50 以下。实际上，上述变化趋势与样本量有很大关系。

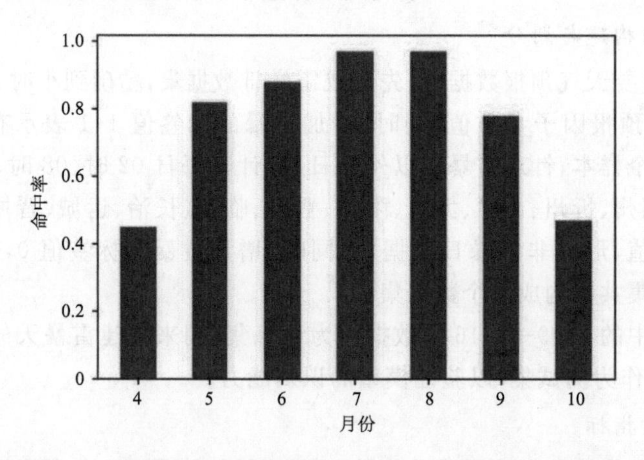

图 3.5 雷暴天气识别模型 GBDT 的命中率随月份的变化

3.2.2.2 海拔高度

由于山西省 109 个国家站的平均海拔高度为 908.6 m，在此，以 910 m 为界将所有站点分为高、低海拔高度两类，然后针对这两类站点分别建立雷暴天气的 GBDT 客观识别模型。通过图 3.6 模型评估指标可看出，GBDT 识别模型对海拔高度表现出一定的敏感性，对高、低海拔站点的命中率(0.90)一致，但对高海拔站点的虚假报警率(0.04)略低于低海拔站点(0.11)，从而使得对高海拔站点的临界成功指数(0.87)略高于低海拔站点(0.81)。对比来看，GBDT 雷暴天气客观识别模型对高海拔站点的识别能力略高于低海拔站点。

3.3 基于大气电场资料的雷暴预警

目前，国内外采用的雷电监测预警技术大都利用闪电定位探测和大气电场探测两种设备，大气电场仪可以对其上空一定半径范围内的云层带电状况进行监测，可直观地看出监测区域内电场强度的分布情况，能够记录闪电发生前雷暴中的电活动情况，又可记录雷暴过程中发生的闪电；闪电定位仪能够监测闪电的发生时刻及位置，因而可以从宏观上看到闪电的分布及走

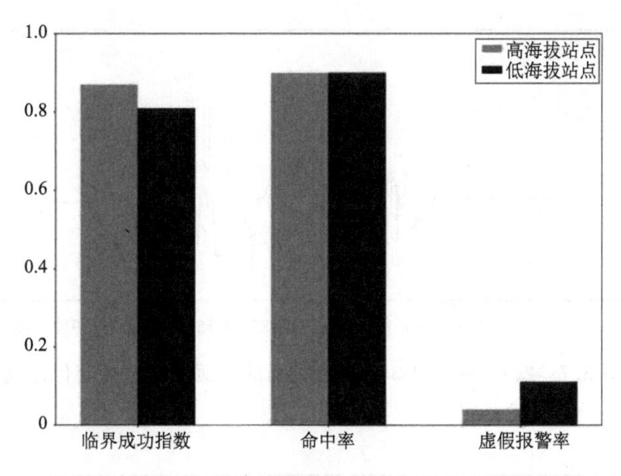

图 3.6　GBDT 模型对不同海拔高度站点的评估指标

向，通过对二者探测数据相结合，可对较小范围内(例如，旅游景区、油库等)的地闪进行预警。

本节通过对山西省太原市 2010—2013 年 15 次雷暴过程大气电场资料和闪电定位资料的统计分析，得出电场最佳预警参数。

3.3.1　资料来源

闪电定位资料由山西省气象局布设的 ADTD 高精度雷电探测仪获得，该系统是通过探测闪电回击发生时辐射的电磁波来测定地闪每次回击过程的时间、位置、极性、峰值强度、接收点(陡度、峰点等)波形特征参量。大气电场资料，由安装在山西省气象局楼顶的 KDY 型地面大气电场仪所观测。该电场仪为旋转场磨式结构，基本性能参数如表 3.5 所示。

表 3.5　KDY 型大气电场探测站性能指标

项目	参数
监测范围	8～16 km，取决于安装环境
测量范围	±50 kV/m
分辨率	0.003 kV/m

3.3.2　资料分析

3.3.2.1　不同雷暴电荷结构对应的大气电场特征

雷暴云的电荷结构可分为两种，一种是正偶极子电荷结构，一种是三极性电荷结构。所谓正偶极子电荷结构就是雷暴云上部是正电荷区，下部是负电荷区；三极性电荷结构就是负电荷区底部有一小的正电荷区。从大气电场的变化情况看，图 3.7 给出的 2013 年 8 月 3 日雷暴过程的地面大气电场变化情况是典型的三极性电荷结构的雷暴云，图 3.8 给出 2011 年 8 月 9 日雷暴过程的地面大气电场变化情况的雷暴过程，它是典型的正偶极子电荷结构的雷暴云。

3.3.2.2　预警参数

大气电场仪可以测量晴天和雷暴天气条件下大气电场值和电场极性的连续变化，同时可以探测闪电放电(包括云闪和云地闪)所引起的电场变化。在雷暴云接近大气电场仪安装地时，电场值往往会出现快变抖动现象，电场快变抖动是云层频繁放电现象的表现，这种现象的

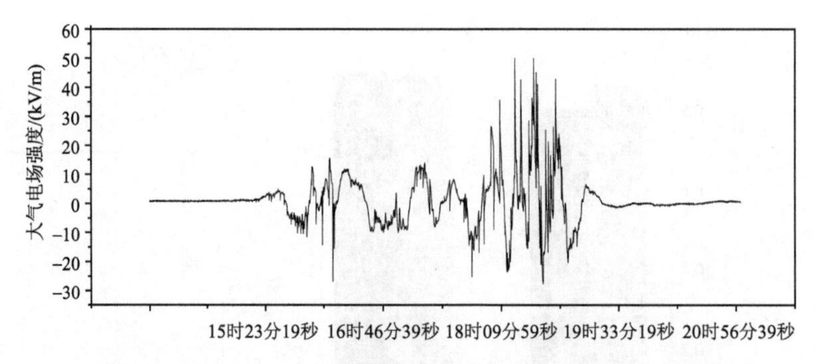

图 3.7　2013 年 8 月 3 日雷暴过程的地面大气电场变化情况

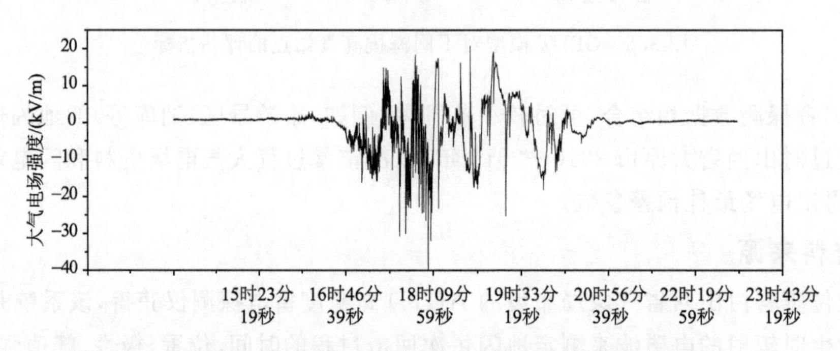

图 3.8　2011 年 8 月 9 日雷暴过程的地面大气电场变化情况

出现可能是雷暴云中有大量云闪发生，或是较远处有云闪发生。

将距电场仪 20 km 半径范围内发生 50 次以上闪电的雷暴过程定义为一次强雷暴过程，从太原市 2010—2013 年大气电场仪观测资料中选出 15 次强雷暴过程，以 2012 年 6 月 15 日雷暴过程为例进行分析，如图 3.9 所示，将地闪闪击点距电场仪的距离叠加到电场的变化曲线上，分析电场变化与闪击距离之间的关系。图 3.9 中曲线为大气电场演变曲线，标志点为闪电闪击点，横轴为电场演变以及闪电发生的时间，右纵轴为地闪闪击点与电场测站的距离，左纵轴为电场强度。从图中可以直观看出电场、闪电共同演变过程。由图 3.9 可以将雷暴过程的大气电场变化分为 5 个阶段。

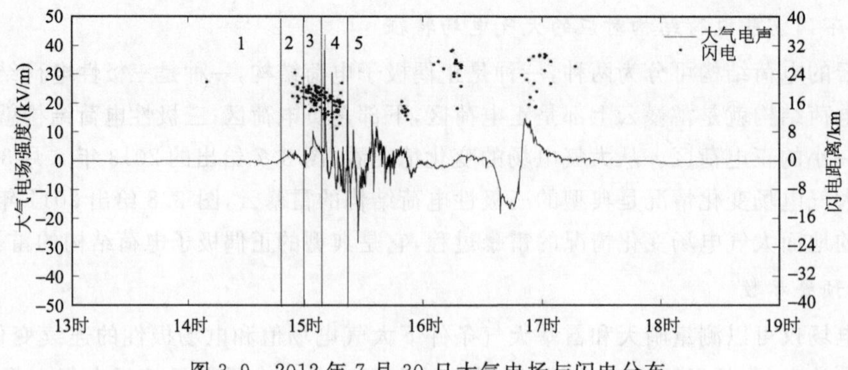

图 3.9　2012 年 7 月 30 日大气电场与闪电分布

①第一阶段:闪电集中发生在距电场仪 15 km 以外,此时电场出现小幅度的波动,这一过程可认为是雷暴云刚刚发展起来,或者是雷暴云正在向电场仪的方向移动,但是仍未到达大气电场的探测范围内,所以此时闪电频数较少,且闪击点离电场仪的位置都比较远,分析此时的电场可以发现,电场由之前的平稳,逐渐出现抖动的现象,且电场强度逐渐出现过零快变尖峰。

②第二阶段:闪电集中发生在距电场仪 13～15 km,此时电场变得更加活跃,强度迅速增加,且闪击点离电场仪越来越近,在该时间段内电场强度持续超过某一个值,表明远处的雷暴云逐渐移近或者此处的雷暴云正处于迅速发展的过程中,充放电较多。

③第三阶段:闪电发生在距离电场仪 10～13 km 范围内,闪击点离电场仪很近,但仍未落到 10 km 范围内,可以把这一过程视为一个过渡阶段,此时雷暴云在不断地积累能量,也可以认为远处的雷暴云正在向电场仪靠近,此时的电场频繁地上下振荡跳动,强度较大,且频繁出现阈值的突变。

④第四阶段:闪电发生在距离电场仪 10 km 范围内,为雷暴云的爆发阶段,此时闪电频数最高,且大量落在预警范围内,电场更为活跃,出现大量的阈值突变。

⑤第五阶段:闪击点再次发生在距离电场仪 10 km 范围之外,为雷暴云逐渐消亡或者是远离测站的过程,此时大气电场经过一段时间后强度减小,趋近于平稳的状态。

选取 2010—2013 年的 17 次强雷暴过程,根据电场变化与闪击点位置的关系,选取预报因子,将第二阶段作为提前预报的关键时间段,该阶段的持续时间为阈值的持续时间,最大的强度选作阈值,将第三阶段的持续时间作为提前预警时间,若电场出现了较明显的抖动现象,设为 1,无抖动现象,设为 0,抖动不明显,设为－1。选取阈值、阈值持续时间、提前预警时间、抖动的情况作为预报因子,其统计结果如表 3.6 所示。

表 3.6　雷暴过程预警参数统计

	阈值持续时间(t)/min	阈值(s)/kV	预警时间(t_f)/min	快变抖动(j)
2011 年 8 月 9 日	12	－7.92	10	1
2011 年 8 月 25 日	14	4.02	21	1
2012 年 7 月 30 日	8	－3.52	8	1
2013 年 5 月 22 日	25	－11.56	18	1
2013 年 6 月 7 日	21	－1.13	21	0
2013 年 6 月 24 日	8	6.2	8	1
2013 年 7 月 1 日	16	－1.29	13	－1
2013 年 7 月 31 日	12	2.27	9	1
2013 年 8 月 2 日	9	3.31	8	0
2013 年 8 月 3 日	7	3.36	12	0
2013 年 8 月 4 日	11	－2.47	6	1
2013 年 8 月 5 日	27	－8.83	20	－1
2013 年 8 月 7 日	12	2.36	15	－1
2013 年 8 月 11 日	15	－2.31	10	1
2013 年 9 月 12 日	22	5.41	32	1
均值	14.6	－0.81	14.07	60%

根据统计的 15 次强雷暴过程的预报因子，将 4 个预报因子取平均值，作为预报数值，即 $t=14.6$ min，$E=4.4$ kV/m，$t_f=14.07$ min，$d=1$。即当大气电场阈值达到4.4 kV/m，且在14.6 内电场能维持在阈值上，并伴随电场的抖动时，就可以预报在 14.07 min 后在距离测站10 km 的范围内会有闪电发生。

3.3.3 结论

(1)在雷暴云向电场仪移动的过程中，闪击点与大气电场之间存在一定的对应关系，根据闪击点的位置可将电场分为如下几个阶段。

①闪击点在 15 km 以外，此时电场出现抖动，且强度出现持续增加的现象；

②闪击点在 10～15 km，此时电场强度持续增加且呈现明显的振荡；

③闪击点在 10 km 以内，此时为雷暴云最活跃的时期，闪电频繁发生；

④闪击点再次在 10 km 以外，此时雷暴云远离测站或者是雷暴云处于消退阶段。

(2)利用书中预报方程，可以得出当大气电场阈值达到 4.4 kV/m，且在 14.6 min 内电场能维持在此阈值上，并伴随电场的抖动时，可以预报在 14.07 min 后在距离测站 10 km 的范围内会有闪电发生。

本节利用大气电场、闪电定位资料，建立预报参数，对闪电预警有一定的参考价值，但是本书中使用的资料比较有限，在后面将结合雷达、卫星资料进行进一步的闪电预警研究，以提高预警的可靠性和准确性。

第 4 章　雷电灾害特征及防御

4.1　山西省雷电灾害特征统计

近年来，我国不少专业技术人员在雷电灾害的时空分布特征和成因方面进行了大量的研究，如马明等(2008)对 1997—2006 年的全国雷电灾情事故进行了统计分析，探讨了我国雷电灾情的时空分布特征、受损财物情况、受伤害人员情况等。本章结合 2006—2008 年山西省闪电定位资料及 2000—2011 年山西省雷电灾害典型事例(摘自中国气象局雷电防护管理办公室公布的《全国雷电灾害典型实例汇总》)写作而成。

通过对雷电灾害发生的时间、空间、行业及损害设施类型等方面分析，揭示了山西省雷电灾害的时空分布特征及行业特征和雷电防御水平现状，有利于提高防雷减灾意识，为山西省防雷减灾工作提供重要的依据。

4.1.1　雷电灾情年变化、月变化特征

根据不完全统计，2000—2011 年山西省共上报 509 起雷电灾害事故，造成 60 起雷击人员事故，92 人死伤，其中 55 人死亡，37 人受伤，造成直接经济损失 3324 万元。图 4.1 给出了 2000—2011 年山西省雷电灾害概况，可以看到，雷电灾害数量从 2000 年的 14 起到 2006 年的 73 起再到 2011 年的 40 起，雷电灾害事故呈现先升后降的趋势，这与雷电灾害的收集情况和雷电防护的重视程度有关。2003 年以前雷电灾害调查统计上报的工作刚起步，可能有一部分的雷电灾害事故没有及时收集，随着雷电灾害上报制度的日趋完善，雷电灾害收集上报工作得

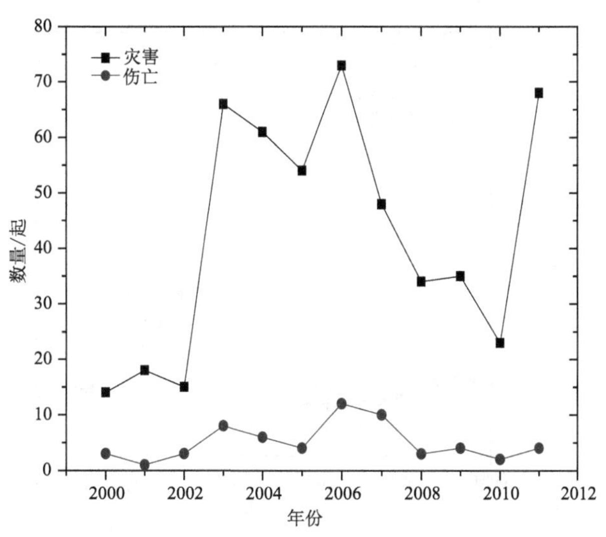

图 4.1　2000—2011 年山西省雷电灾害逐年变化

以规范，同时由于计算机网络等相关微电子设备和电子系统的大量普及应用，微电子设施的雷电灾害越来越多，因此，2003—2006 年雷电灾害上报数量有所增加。2006 年后雷电灾害的减少可能与雷电防护越来越受到重视有关。

图 4.2 给出了 2000—2011 年山西省雷电灾害与闪电频次逐月变化曲线。可以看出，山西省雷电灾害的月变化与闪电频次月变化一致，季节性变化明显，夏季比较集中，峰值出现在 7 月，而 6—8 月的雷电灾害约占全年的 93.2%。这种季节性变化特征与山西省的气候特征密切相关，从 5 月开始山西省地面气温明显升高，6 月随着西太平洋副热带高压北进西伸，水汽输送充足，在西风带东移冷空气的影响下，极易形成对流性天气，增大了发生雷电灾害的可能性。

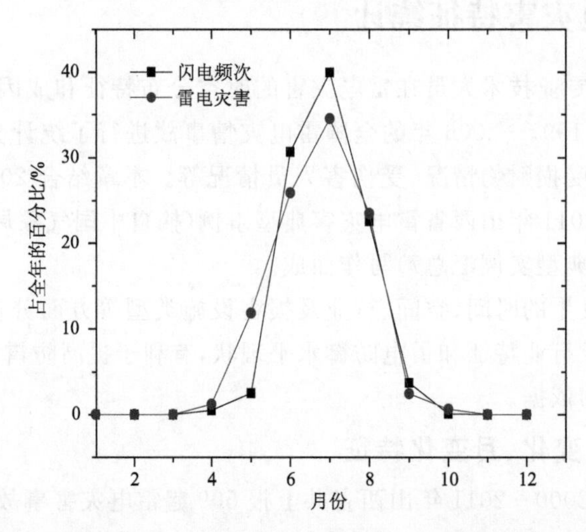

图 4.2　2000—2011 年山西省雷电灾害与闪电频次逐月变化

4.1.2　雷电灾害日变化特征

由图 4.3 可以看出，山西省发生闪电频次、雷电灾害、雷击伤亡的日变化基本一致，15 时为雷电出现的最高峰，也是雷电灾害、雷击伤亡的多发时段。

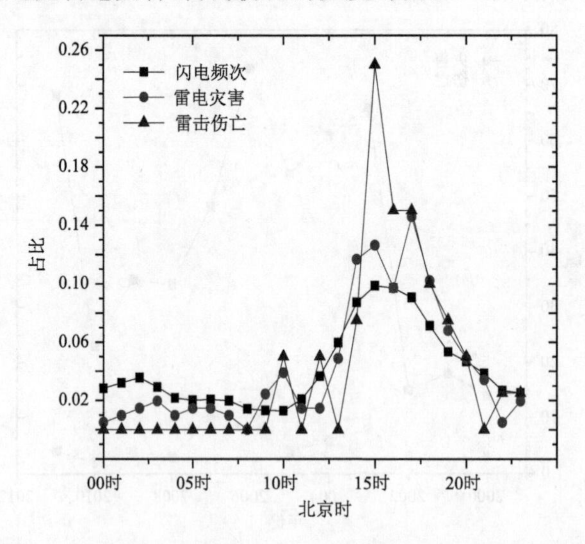

图 4.3　山西省闪电频次、雷电灾害与雷击伤亡日变化特征

这与人们的作息时间密切相关，因为大部分的雷灾人员死伤事件发生在室外，15时，雷电出现的最高峰正是人员户外劳作的时间，例如，在山西省农村地区6—8月正是农忙季节，此时间段内正是农民劳动的时间段；而晚上人们多在建筑物内休憩，在一定程度上减小了雷电伤害的概率，同理10时与12时是人员伤亡的次峰值。可见，山西省雷电灾情和闪电活动的时间是紧密相关的。

4.1.3 雷电灾情空间分布

图4.4给出了2006—2008年山西省闪电密度分布、2000—2011年山西省雷电灾害频次、经济损失、人员伤亡分布。2000—2011年晋中市共发生雷电灾情138例，是山西省发生雷电灾情最多的市，其次是阳泉市、运城市和太原市；财产损失较大的分别为临汾市、吕梁市、阳泉

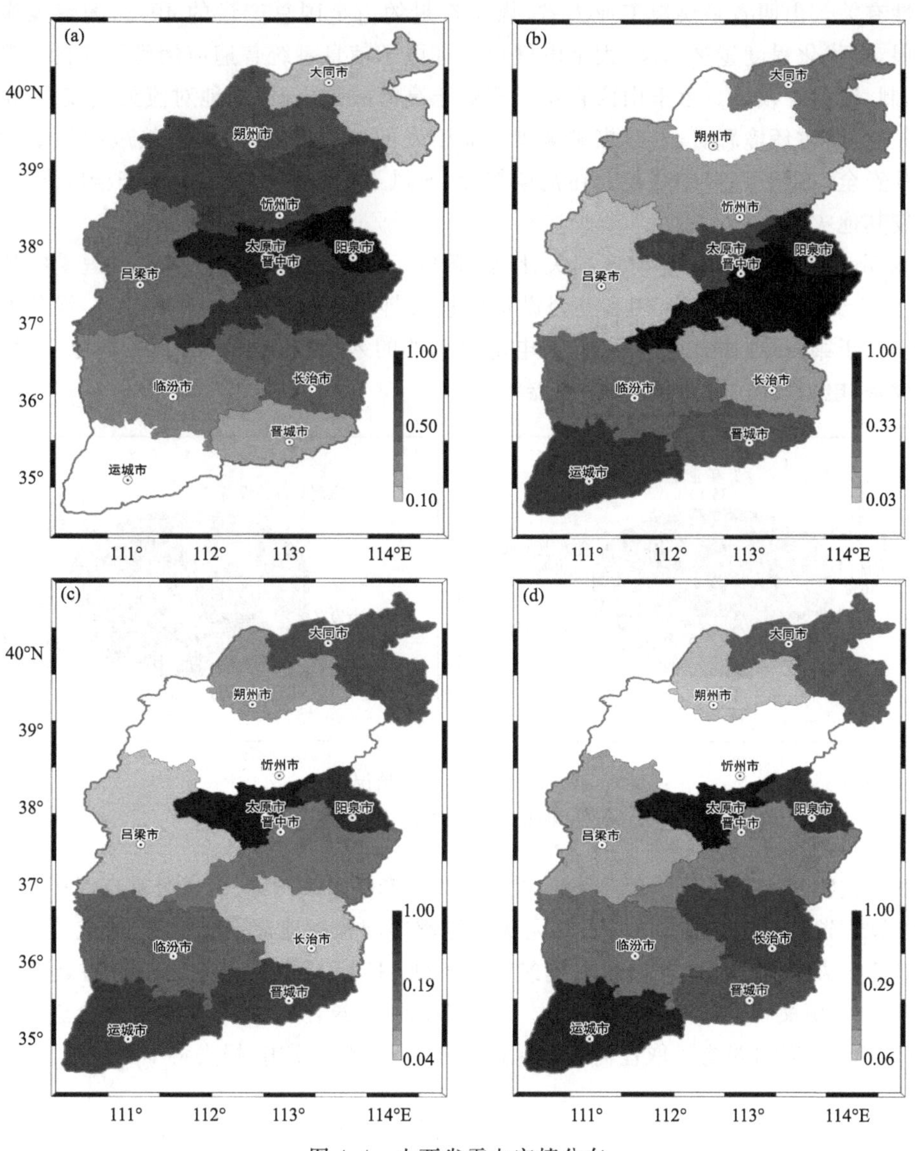

图4.4 山西省雷电灾情分布

(a)闪电密度，(b)雷电灾害频次，(c)雷电灾害财产损失，(d)雷电灾害人员伤亡

市；雷电灾害人员伤亡较多的为太原市、运城市和大同市，人员死亡较多的为太原市、运城市和长治市。山西省闪电密度较大的为阳泉市、太原市、忻州市。可以发现，除忻州市外，闪电密度与雷电灾害事故高发区基本一致，说明造成雷电灾害事故的原因不仅与闪电密度有关，更重要的是与雷电的强度有关。

4.1.4 财产损失分析

图 4.5a 给出了在雷电灾害事件中行业和部门所占比例，其中民用和厂矿企业各占 35.19%，电力部门占 11.36%，文教卫生部门占 6.90%，金融、农林牧、交通等部门所占比例较小。雷电灾害造成的经济损失中，厂矿企业以 49.71%的财产损失位居第一，煤矿遭受雷击占厂矿雷击事故的 35.4%，而财产损失占厂矿企业经济损失的 60.28%，这与煤炭行业在山西省的特殊性有关。山西省是煤炭工业大省，煤炭产量约占全国总产量的 40%，随着煤炭工业的飞速发展，现代化程度越来越高，大量电气设备和电子信息系统普遍应用到煤矿的生产、调度、监测、控制、通信等领域。由于山西省煤矿多处于高海拔的山区，局地对流天气较多，地表土壤电阻率较高，防雷环境恶劣，导致煤矿被雷击而引发的事故逐年增加，直接威胁煤矿生产和工作人员的安全。由于许多矿井还存在瓦斯超标、通风不畅、塌方、透水等不安全因素，雷电灾害极易引发其他灾害。

图 4.5b 给出了雷电灾害财产损失比例，微电子设施在雷电灾害事件中遭受的损失最严重，占财产损失的 28.34%，家用和办公设备的损失排第二位，占 27.64%，工厂设备的损失占 22.75%，位于第三位，由此可以看出，雷电电磁脉冲的入侵已严重威胁到了弱电信息系统、网络通信设备、电力设备、计算机、常用电器等。

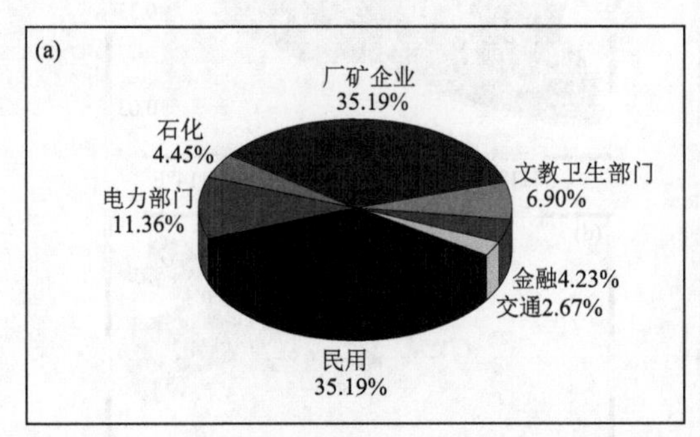

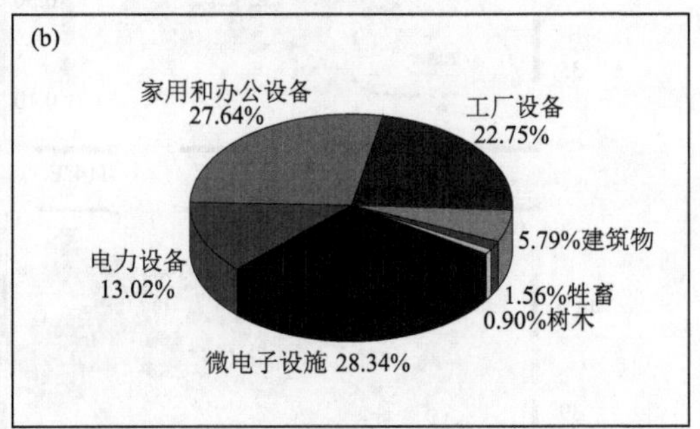

图 4.5 财产损失情况[①]

(a)行业和部门比例，(b)财产损失比例

山西省文物建筑遭受雷击比较严重，世界文化遗产平遥镇国寺、国家级重点保护文物应县木塔、榆次老城、省级文物保护单位稷山县大佛寺等都不同程度地遭受过雷击，造成了不可挽回的文化和经济损失。山西省共有木质古建筑 18118 处，宋、元以前的地上木结构古建筑占全国的 75%，其中国家级文物保护单位有 119 处。这么多的古建筑，除近几年有少数几个进行防雷保护之外，其余绝大多数都没有采取任何防雷保护措施，一旦遭受雷击，损失将不可估量。

① 说明：由于在计算过程中四舍五入，可能导致图中合计百分比不等于 100%，下同。

4.1.5 人员伤亡分析

山西省雷电灾害共造成92人死伤，其中55人死亡，37人受伤，包括农民34死24伤、市民19死6伤，不明2死7伤。如果不考虑情况不明的统计结果，农民约占69.88%，可见，农民是雷电灾害主要的受害者。从表4.1可以看出，接近50%的雷击伤人事件发生在田间、山地、树下等场所，首先，这些地方正是农民的劳动场所，由于农民缺乏必要的防雷知识，遇到雷雨天气时不知如何正确应对；其次，每年闪电频次最多的发生在6—8月，正是农忙季节，农民在田间活动的密度和频度比平时高，加之农村地区地形相对复杂，田间比较空旷，发生雷击灾害的概率高；最后，农村地区普遍缺乏一些必要的雷电灾害工程性防御设施，在雷电到来时，农民缺乏临时躲避场所。

城市建筑物防直击雷措施相对完善，而农村的民居等建筑没有普及安装防雷装置。例如，2006年5月18日，山西省长治县郝家庄乡北郭村出现强雷电天气，由于雷击了有隐患的房屋，致使房屋倒塌，造成3死2伤。

表4.1 雷击伤人事件中不同雷击点的雷击次数及比例

	田间	建筑物	开阔地	树下	山地	水域	有线连接	厂矿	不明
雷击数/起	18	7	6	6	5	1	4	5	8
百分比/%	30.00	11.67	10.00	10.00	8.33	1.67	6.67	8.33	13.33

第一，对于农村地区的雷电防护首先应以加强宣传防雷知识为主，让农民意识到雷雨来临时在大树下避雨，在雨中急跑、扛锄头行走等行为易受雷击；第二，结合雷电预警预报和闪电定位资料，通过电视广播向农村地区提前发布预警信息，提醒村民遇雷雨天气尽量不要外出等；第三，新建房屋根据雷击评估进行统筹规划，避开雷击高发区，对一些已经建在雷击高发区的房屋可由政府安装防雷装置。

4.1.6 结论和讨论

利用2000—2011年山西省的雷电灾害实例资料，从雷电灾害发生的时间、区域、行业及损害设施类型等方面，揭示了山西省雷电灾害的分布特征，并得出以下结论。

(1)2000—2011年山西省共统计雷电灾害事故509起，造成92人死伤，直接经济损失3324万元。雷电灾害的季节性变化明显，夏季比较集中，峰值出现在7月，6—8月的雷电灾害约占全年的93.2%。山西省的雷电频次、雷电灾害、雷击伤亡的日变化基本一致，15时为雷电出现的最高峰值，也是雷电灾害、雷击伤亡的多发时段。

(2)闪电密度与雷灾事故高发区基本一致，晋中市、阳泉市、太原市是山西省雷电灾害高发区。

(3)在雷电灾害事件受损失的行业和部门中，民用领域和厂矿仓储企业各占35.2%，电力部门的财产损失占11.36%，其他各部门所占比例较小。在雷电灾害造成的经济损失中，工厂设备以49.71%的财产损失位居第一，煤矿雷击占厂矿仓储企业雷击事故的35.4%，财产损失更是占总的经济损失的60.28%。

(4)从雷电灾害中不同物体的受损统计来看，雷电带来损失最严重的是微电子设施，比例高达28.3%，其次是家用和办公设备为27.64%，第三是电力设备，占13.02%。在山西省古建筑遭受雷击比较严重，不同保护级别的古建筑都遭受过不同程度的雷电灾害。

(5)雷击造成的人员伤亡主要集中在农村地区，应对其加强宣传防雷知识，增加防雷意识；其次要做好雷电预警工作。

4.2 养殖业雷电灾害风险和防御措施分析

近年来，我国养殖业在旺盛的市场需求、国家政策的大力扶持和养殖技术的不断进步等因素的作用下实现了持续快速发展，未来较长一段时间内，我国主要养殖产品需求仍呈刚性增长。由于养殖业的特殊性，其生产场所通常位于野外比较开阔空旷的地带，因此容易遭受雷电灾害。气象部门雷电灾害调查数据统计表明，养殖基地遭受雷击的事件很频繁，例如，浙江省某特种水产品有限公司鳖场在 2001 年 8 月 6 日 14 时 25 分左右遭受直击雷，进而引发火灾，烧毁甲鱼养殖温室面积 21600 m^2，死亡甲鱼 55 万只；2017 年 7 月 14 日，位于山西省朔州市朔城区滋润乡的某公司牛棚内的 40 头法国夏洛莱肉牛遭雷击暴毙，直接经济损失 68 万元。

本节通过对养殖业雷电灾害典型案例的调查，分析了野外放牧、养殖场雷击牲畜死亡的原因以及养殖场雷击火灾的原因，在此基础上提出了养殖场雷电灾害防御的主要措施。对降低养殖业雷电灾害风险、提高养殖业雷电灾害防御水平具有一定参考意义。

4.2.1 放牧养殖雷击风险

放牧养殖是家畜饲养方式之一，是利用饲草资源、节约精料、节省人力、成本低廉的饲养方式，也是最经济的一种草原利用方式，广泛存在于我国广大牧区、半农半牧区及拥有草山、草坡、滩涂条件的农区。从雷击放电的规律来看，适合放牧养殖的山坡、滩涂、牧区等开阔地区大部分都是容易遭受雷击的地方。例如，2014 年 7 月 29 日 12 时左右，山西省沁源县某村 70 多头牛在花坡山(36.84°N、112.08°E)遭雷击，在山坡上吃草的牛纷纷滚落在坡下的路上，其中死亡牛 25 头，击伤致残牛 2 头，直接经济损失 50 万元左右，见图 4.6。2017 年 6 月 30 日 12 时左右，山西省静乐县某村一处山坡(38.19°N、112.14°E)放羊人看到附近有闪电，并听到一声巨雷响，随后发现很多羊倒下，总计死亡羊 62 只，见图 4.7。

图 4.6 2024 年 7 月 29 日沁源县牛群遭雷击死亡

雷电造成人畜伤亡主要有以下 4 种形式：直接击中、跨步电压、接触电压、旁侧闪络，由于两次雷击都发生在野外，事故周围无其他物体，因此，可以确定两次雷击事故中牲畜死亡主要由跨步电压所致，图 4.8 给出了人畜遭受雷击产生的跨步电压示意图。跨步电压指闪电电流在对地泄放时，由于土壤的高阻抗在地表产生的电位差，脚之间的电位差是造成伤亡的主要原因。

下面给出了闪电电流经过泄放通道流入大地后在土壤中引起的跨步电压：

图 4.7　2017 年 6 月 30 日静乐县羊群遭雷击死亡

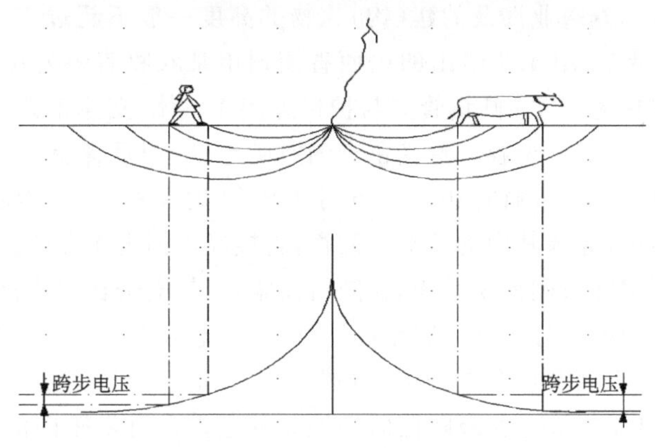

图 4.8　跨步电压示意图

$$U_S = \int i du = \rho im / 2\pi r(r + m) \tag{4.1}$$

式中，U_S 为跨步电压，i 为雷电流，m 为牲畜前后脚间之间的距离，ρ 为土壤电阻率，r 为牲畜与雷击点的距离。

表 4.2 给出了沁源县雷击事故周围闪电定位资料，可以看到，最近距离为 0.52 km，闪电强度为－93.3 kA，陈绿文等(2009)对闪电定位系统与人工触发闪电进行了对比分析并发现，闪电定位系统地点位置的平均误差为 760 m，雷电流峰值的相对误差为 14%，所以可以确定此次闪电造成了雷击事故。

表 4.2　沁源县雷击事故周围闪电定位资料

时间	闪电纬度/°N	闪电经度/°E	距离/km	闪电强度/kA	闪电陡度/(kA/μs)
12 时 03 分 49 秒	36.84	112.08	0.52	－93.3	－10.2
12 时 55 分 58 秒	36.86	112.09	2.15	－32.6	－17.4
12 时 14 分 38 秒	36.82	112.10	3.04	－40.8	－7.0
12 时 24 分 38 秒	36.88	112.06	4.61	－50.3	－18.4
12 时 06 分 03 秒	36.81	112.04	4.78	－46.8	－12.0
12 时 06 分 03 秒	36.80	112.04	5.54	－31.9	－13.2
12 时 23 分 08 秒	36.89	112.08	5.75	－52.7	－24.1

注：表中闪电强度为负值时，表示负闪电，负闪电对应闪电陡度为负值。闪电陡度是指闪电强度在单位时间内变化，表示雷电流变化的速度，下同。

由于2014年7月29日12—15时沁源县3 h降水量为21.8 mm，距雷击事件点最近的自动站降水量为19.8 mm，因此，将土壤电阻率取为100 Ω·m(较湿沙土类)，牛的前后蹄步幅取1.5 m，牛心脏最大允许跨步电压为8.8 kV，根据公式(4.1)获得此次以雷击点为圆心、半径约为15 m范围内的跨步电压大于8.8 kV，因此造成了牛的大面积死亡。由式(4.1)看到跨步电压与土壤电阻率成正比，发现野外放牧发生雷电灾害的地区一般都是土壤电阻率都比较高且容易遭受雷击的山坡、滩涂、牧区等开阔地区，因此更容易造成附近的家畜或人大面积伤亡。

4.2.2 养殖场雷击风险分析

相对于放牧饲养，舍饲圈养是一种高产高效的饲养方式，但是从成本控制考虑大部分中小养殖场的饲舍相对简陋，养殖业涉及的建(构)筑物的高度一般不超过15 m，所以大部分养殖场都没有必要的防雷措施，图4.9给出的山西省朔州市某农牧有限公司的牛棚，顶部为彩钢板，室内支撑顶棚的立柱为1寸①圆钢管并与护栏焊接为一体，支撑钢架和拴系护栏均未做有效接地。大部分养殖场一般位于容易遭受雷击的空旷地区，一旦遭受雷击没有防雷措施的金属框架结构会加重雷电灾害。例如，2010年5月4日21时左右，位于山西省太原市晋源区姚村镇某村，牛棚被雷击中，导致其中的5头牛死亡，直接经济损失4万余元。实地调查发现，牛棚建在的空旷地带，石棉瓦顶棚钢架结构，无防雷设施，当雷电击在牛棚钢架上后，雷电流沿着钢架向地传输，其中部分电流分流到草料槽的钢管上，雷电流击中了正挨在一起吃草的奶牛导致5头奶牛死亡。朔州市某农牧有限公司的牛棚室内外也没有任何防雷设施，且系牛的缰绳为铁链并固定在护栏上，支撑柱也未做任何接地。发生雷击时牛棚内的40头肉牛遭雷击暴毙，直接经济损失为68万元。

养殖场外景　　养殖场内景　　养殖场内的牛

图4.9 发生雷灾事故的养殖场

表4.3给出了2017年7月14日朔州市朔城区01时发生的全部7次闪电，上报灾情未给出事故发生地经纬度，但01时45分左右有两次雷击，其中01时43分为一次能量较大的正地闪，由于正地闪的峰值电流和所中和的电荷量较负地闪大得多，因此，考虑正地闪造成了此次雷灾事故。根据调查40头牛的肚子上都有直径约15 cm的窟窿，有的牛腿被击断，因此，判断为接触电压造成牛大批死亡。由于牛棚的支撑钢架没有做接地，当牛棚遭受雷击时雷电流无法顺利向大地释放，而牲畜通过金属缰绳(铁链)与拴系的护栏、支撑钢架相连(由图4.9c可以看到牛经铁链拴在系护栏)，因此强电流通过牲畜的身体向地面释放，导致牲畜大面积死亡。

① 1寸≈3.33 cm。

表 4.3　2017 年 7 月 14 日朔州市雷击事故闪电定位资料

时间	闪电纬度/°N	闪电经度/°E	闪电强度/km	闪电陡度/(kA/μs)
01 时 32 分 27 秒	39.32	112.29	−27.2	−7.0
01 时 51 分 25 秒	39.37	112.02	−40.8	−11.3
01 时 53 分 21 秒	39.36	112.03	−39.9	−6.4
01 时 17 分 50 秒	39.28	112.24	−45.4	−9.1
01 时 10 分 59 秒	39.26	112.23	−30.0	−7.4
01 时 43 分 06 秒	39.13	112.70	86.3	10.8
01 时 50 分 57 秒	39.38	112.00	−42.5	−8.8

4.2.3　养殖场雷击起火

雷电引发火灾的主要原因有以下几个方面，一是闪电过程具有非常大的瞬间峰值能量，一旦雷电击中地面的建筑物或工业设施等，常常引起火灾、爆炸等灾害。二是雷暴云中强大的电场会在地面的金属物上产生静电感应，不同金属体间的静电放电产生的电火花，容易引起易燃物燃烧，从而引起火灾。三是雷电发生时产生的交变磁场，在金属体中产生感应电流，引起火灾。四是雷击产生的冲击电压可击穿电气设备的绝缘，形成短路，引起火灾。实际上养殖场遭受雷击起火的案例也比较多，例如，2011 年 8 月 18 日 18 时 30 分，浙江省德清县某畜牧场遭受雷击并引发大火，烧死 203 头生猪，烧毁一台水循环制冷机，养殖场厂房过火面积 270 m^2，直接经济损失 50 万元，当地县气象局经过技术勘查后认定，猪棚遭受直接雷击后引燃了屋顶瓦片下的稻草，稻草燃烧产生的大火和浓烟最终导致了棚舍内生猪死亡和棚舍烧毁。浙江省某特种水产品有限公司鳖场雷击火灾也是由于雷电的热效应产生高温引燃易燃物品，最终造成火灾。

由于雷电的峰值温度为 20000～30000 K，当雷击到易燃物品时极易引燃。养殖场雷击火灾的主要原因是养殖场内易燃物品较多，当养殖场或附近发生雷击，雷电流或感应电流或火花放电，引燃了易燃物品，从而引发火灾。

4.2.4　雷电灾害防御措施

(1)应在农村地区加强防雷科普宣传，对养殖场的工作人员进行防雷安全知识培训，使其掌握更多的防雷常识，通过采取有效的雷电防御措施使牲畜以及自身避免受到雷电伤害。对于放牧养殖，应密切关注天气预报，尽量避免雷雨天气在野外放羊，当无法避免时，应迅速将羊群赶到低洼(凹)地区，并避免在大树、突出的石头等附近停留。

(2)对于养殖场应采取接闪、接地、等电位联结、浪涌防护等防雷措施。当养殖场没有直击雷防护措施时，应安装接闪器。对于养殖场的金属框架，应埋设接地装置，支撑钢架、金属护栏等金属物应与接地装置做良好的连接；使得雷电流或者感应电流快速泄放入地。宜采用非金属材料制作拴牲畜的护栏，缰绳则应避免使用金属材料，避免产生旁侧闪络或接触电压。养殖场的配电箱，宜安装适配的浪涌保护器，防止过电压的破坏。易燃物品的堆放应与金属框架保持一定的间距，防止雷电流泄流时引燃而引发火灾。

(3)等电位连接可以减小金属导体之间的电位差，因此，等电位连接对养殖场防雷同样重要。应该将可能与牲畜接触的如护栏、金属的饲料槽、金属管道、饮水槽、拴系金属护栏、挤奶设备等较大金属物体通过连接线互相连通，降低或消除各种原因引起的电位差，防止牲畜受到伤害。由于大牲畜前后脚间距较大，因此，大牲畜受到跨步电压的危险较大，也应重视地面电位的均衡。

4.2.5　结论与讨论

(1)通过对养殖业雷电灾害的典型案例的分析，发现直击雷造成的跨步电压是野外牲畜大面积伤亡的主要原因，雷电流泄放产生的接触电压使得养殖棚内牲畜出现大面积伤亡，养殖场内较多的易燃物品使得遭受雷击时容易引发火灾。

(2)养殖业雷电灾害频发的主要原因是从业者防雷意识淡薄，大部分养殖业涉及的建(构)筑物设施都没有防雷措施，需要加强从业者的防雷安全的教育培训和科普宣传；在管理上将养殖业的防雷安全工作纳入养殖业安全生产管理范畴，健全养殖业涉及的建(构)筑物的防雷措施。

4.3　高层建筑物易受雷击部位分析

近年来，随着我国国民经济的快速发展，城市化进程明显加快，土地资源日趋紧张，城镇高层住宅建设发展迅速，一座座高楼如雨后春笋般拔地而起。然而建筑物越高越容易产生上行先导而引发雷击，高层建筑物遭受雷击的次数明显增加，因此高层建筑物的雷电防护越来越受重视。

目前，高层建筑及其屋面设施采取的防直击雷措施是按照《建筑物防雷设计规范》的要求，在建筑物屋角、屋脊、屋檐等易受雷击的部位以及屋面设施的附近敷设接闪杆、接闪带或混合组成的接闪器。实际工作中，由于高层建筑的高度、屋面形式、屋面结构及周围环境各不相同，接闪器布设的形式、位置、高度会使其保护范围产生很大的差异，因此，雷击高层建筑物的现象时有发生。本节针对高层建筑物的雷击事故，分析了高层建筑女儿墙、太阳能热水器、电梯、霓虹灯广告架等设备存在的防雷安全隐患，根据雷击机理及高层建筑的特点探讨了高层建筑物易受雷击部位的防护措施，对高层建筑物的防雷设计、施工及防雷装置监审有一定的意义。

4.3.1　女儿墙接闪带布置不当造成的雷击

4.3.1.1　雷击事故

2022年6月29日17时左右，太原市某小区高层住宅遭雷击，雷击造成其西南角炸爆，炸裂为底边长约20 cm正三角棱锥形，如图4.10a所示。2007年7月25日16时，太原市某新建住宅楼女儿墙西南角被雷击掉边长约0.3 cm不规则多边形的混凝土块，如图4.10b所示。

4.3.1.2　事故成因及对策

根据《建筑物防雷设计规范》(2010版)规定，高层建筑物均在女儿墙上敷设接闪带实施雷电防护，接闪带高度为10～20 cm，沿女儿墙居中布设，对安装位置没有做相应规定，在实际工作中发现，有些建筑物的女儿墙宽度较宽，而接闪带还是沿女儿墙居中敷设；还有大多数建筑物的转弯处多为阳直角，并且大多数接闪带在转弯处采用内切圆弧，导致转弯处接闪带至建筑物外拐角的距离较大，从而不能有效保护女儿墙。

《建筑物防雷设计规范》(2010版)规定，接闪带应设在外墙表面或屋檐边垂直面上，也可设在外墙外表面或屋檐边垂直面外。因此，接闪器不能有效保护女儿墙的问题得到了解决。

而对于根据2000版安装的接闪器，如无法保护女儿墙外拐角，可以在拐角处安装短接闪杆，或将接闪带在外拐角处向外侧延伸做圆弧连接，以增大在拐角外侧的保护范围。

图4.10 女儿墙接闪带布置不当造成的雷击

4.3.2 太阳能热水器

太阳能热水器节能环保、使用方便，有国家政策的鼓励，日益受到消费者欢迎，安装数量越来越多。由于需要将光能转化为热能，因此太阳能热水器的集热装置都要求安装在楼顶阳光充足的地方，这样安装往往会超过建筑物防雷装置的高度，使其完全暴露在直击雷的范围内，而且太阳能热水器有送回水输水管、电源线和信号线等大量管路，它们通往室内。因此太阳能热水器一旦遭受雷击，不仅会损坏位于室外的采光装置，而且部分雷电流会通过热水器的管线进入用户室内，损坏室内其他家用电器设备或者对大楼的电网造成损坏。

4.3.2.1 雷击事故

2006年5月20日，山西汾阳某建筑物楼顶的两台太阳能设备遭雷击，其中一台的三只管被击破，且将背面的铝板炸开15 cm×5 cm的口子；相邻的另一台被击破一只管，如图4.11所示。

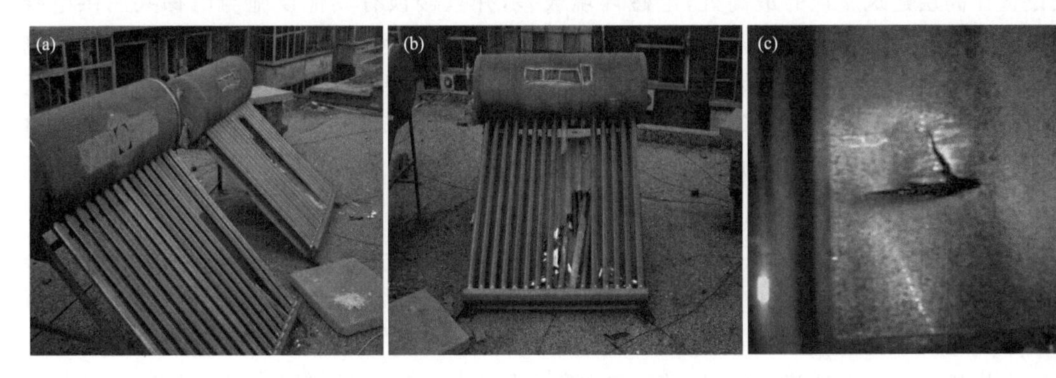

图4.11 太阳能设备遭雷击

4.3.2.2 对直击雷的防护

太阳能热水器是由集热部件、保温水箱、支架、连接管道、控制部件及电源系统等组成，其中集热装置和水箱、支架安装在建筑物顶部且阳光充足的地方，而集热装置和水箱因其材质和功能所限不允许被雷电击中，因此应按照《建筑物防雷设计规范》(2010版)对在屋面接闪器保护范围之外的太阳能热水器安装接闪杆，其高度应按滚球法计算，使太阳能热水器处在直击雷防护区内。如太阳能热水器已在建筑物原有接闪器保护范围之内，则不需再安装接闪杆。

4.3.2.3　雷电波侵入及雷击电磁脉冲的防护

太阳能热水器从楼顶到卫生间的辅助加热、测控仪电源线，水位、水温显示及控制信号线是由直击雷防护区跨区进入第一防护区中，该区内电磁场强度没有衰减，且一直延伸到用户的卫生间中，所以均应考虑对雷电波侵入及雷击电磁脉冲的防护，线路应采用屏蔽线，其屏蔽层两端要做好接地。一般应设两级电涌保护，分别加在出水箱处和与测控仪连接处，然而加装两级电涌保护器会造成防雷装置的成本大于购置安装太阳能热水器的成本，不符合防雷装置经济合理的要求。但为了防止雷电波从输入端侵入，结合热水器电源供电简单直接的特点。应在其插座处加装防雷插座。

等电位连接是太阳能热水器雷电防护的一个重要环节，主要分为室外金属构件等电位连接和室内金属构件等电位连接。室外部分包括太阳能热水器金属支架、金属构件、接闪杆、接闪带及线路屏蔽层等，室内部分包括线路屏蔽层、电涌保护器接地及其他金属管道等电位连接。

4.3.3　电梯

4.3.3.1　雷击事故

2009 年 6 月 13 日 14 时 30 分左右，雷击导致太原市长风街一小区内的 9 部电梯损坏无法运行。而此时正值人们上班的高峰期，严重影响了高层住户的出行。2011 年 7 月 9 日 24 时左右，太原市朝阳街某小区一栋 12 层宿舍楼遭雷击，造成 5 部电梯中 4 部损坏，直接经济损失 3 万元。

4.3.3.2　原因分析

调查的电梯雷电灾害中很少有电梯遭受直击雷、侧击雷袭击，这与高层建筑的直击雷防护措施相对完善有关。电梯遭受雷击损坏器件主要集中在控制柜部分，主要原因是在电梯机房一般设置在高层建筑屋顶的最高处，电磁环境较差，并且楼顶有其他设施与电梯共用供电线路，其弱电线路、供电线路常常架空或捆绑在接闪带上进入电梯机房，容易造成雷电波侵入，例如，图 4.12 给出的太原市朝阳街某小区因弱电线路捆绑在接闪带上进入电梯机房而遭受雷击；其次，电梯控制柜部分电子化程度很高，电子元件的耐压能力较差，几十伏的过电压就能将其损坏。因此电梯应注意雷电波侵入及雷击电磁脉冲的防护。

4.3.3.3　雷电波侵入及雷击电磁脉冲的防护

电梯机房应采取有效屏蔽，减少电磁干扰。电梯的电源、控制、通信等线缆最好采用穿金属管敷设，连接处作好跨接处理，金属管的两端应接地，保证电磁屏蔽，减少雷击电磁脉冲对电梯控制系统造成干扰。

在电梯机房内应设计等电位端子箱，室内所有的机架(壳)、金属门窗、配线线槽、设备保护接地、浪涌保护器接地端、电气竖井内的接地线均应做等电位连接并与等电位端子箱相连。

合理安装电涌保护装置是电子信息系统防雷的重要环节，它主要起将穿过各防雷界面雷电流就近泄放的作用，保护被保护的设备或系统不受冲击，应对电梯线路做多级电涌保护设计，达到多级分流，逐级降压。从多起雷击电梯事故来看，都是因为没有采取此种防护措施所致。

图 4.12 太原市朝阳街某小区弱电线路捆绑在接闪带上进入电梯机房

4.3.4 霓虹灯广告架等突出金属物

很多大楼楼顶有霓虹灯广告架、卫星天线等突出金属物，一般没有接闪带(杆)保护，从而使其暴露在直击雷的破坏环境当中。雷电击坏霓虹灯广告架造成的损失并不会很大，但是雷电流可能沿着霓虹灯广告架的供电线路侵入建筑物内其他设备上，甚至威胁到人身安全，如山西省晋城市文昌街某菜馆由于雷电击中广告架引发大火，本节以霓虹灯广告架为例讨论楼顶突出金属物的雷电防护。

4.3.4.1 雷击事故

2008年6月12日，太原市漪汾街某证券营业部卫星接收天线遭雷击，直接经济损失0.7万元，间接经济损失0.75万元，雷电灾害原因是雷电波入侵。

2010年7月15日，晋城市城区文昌街某菜馆由于雷电击中广告架引发大火，火势迅速蔓延，危及毗邻的门面房。消防官兵经过近20 min的奋力扑救，大火才被扑灭。

4.3.4.2 雷击霓虹灯广告架原因

主要原因是忽略了霓虹灯广告架防雷的重要性，认为即使发生雷击损失也不大。当雷电击中霓虹灯广告架，就相当于广告架作了接闪器，雷电流会沿着供电线路破坏与其相连的其他设备，甚至引起火灾并造成更大的损失。

4.3.4.3 直击雷防护

如果广告架尺寸符合《建筑物防雷设计规范》(2010版)对接闪器尺寸的要求，可将其作为接闪器，并与接地装置可靠连接，且连接点要求多点均匀分布，至少为两点，否则应做接闪杆。

4.3.4.4 电源及信号线路的屏蔽及布线

霓虹灯广告架供电线路的防雷保护，其目的是保护霓虹灯广告架安全，更重要的是防止雷电流沿供电线路进入大楼内的供电系统，破坏用电设备。霓虹灯广告架进出建筑物的线路应穿金属管敷设，连接处作好跨接处理，金属管的两端应接地。供电线路所有安装的电涌保护器均应与接地装置进行可靠连接。

4.3.5 结论

通过对山西省高层建筑物雷击事故的调查，讨论了女儿墙、太阳能热水器、电梯、霓虹灯广告架等突出金属物等高层建筑物易受雷击部位的雷电防护措施。通过对雷击事故的分析，发现以下因素是发生雷击事故的主要原因：

(1)接闪带至建筑物女儿墙外拐角的距离较大，不能有效保护女儿墙，是女儿墙遭受雷击的主要原因。

(2)太阳能热水器因其采光集热的需要，只能安装在楼顶平台等位置较为突出的地方，大多脱离了建筑物的接闪带(针)的保护范围。

(3)电梯遭受雷击损坏器件主要集中在电气控制部分，主要原因是电梯机房设立在建筑最高处，雷击电磁脉冲损坏概率大，而且电器控制部分电子化程度高，电器元件耐压能力较差。

(4)大楼楼顶的霓虹灯广告架、卫星天线等金属物一般没有接闪器的保护，雷电流在沿着供电线路等寻求泄放通道时就会损坏与供电线路相连的其他设备上，甚至引起火灾。

4.4 中小学生雷击伤亡事故特征及防御

雷电灾害不但会造成严重的经济损失，还会带来人员伤亡，中小学生作为未成年人，智识与心理未完全成熟，自我保护能力较差，自我保护意识不足。目前，许多中小学学校的校舍、场地和其他教育教学、生活等公共设施，不符合国家、行业防雷标准，有明显安全管理疏漏，存在重大安全隐患，由此导致的中小学生雷击伤亡事故频频发生，其中包括一些群死群伤的雷击事件，引起社会广泛关注。如2007年5月23日16时00—30分，重庆市开县义和镇兴业村小学发生雷击事故，造成7名小学生死亡，43人受伤，2012年6月15日07时10分，大连市长海县某小学操场上，5名四年级小学生遭雷击，造成2人倒地昏迷，3人受轻伤。目前，国内学者仅侧重针对学校的雷电防护或一次雷电灾害的分析，对中小学生遭受雷击的规律及应对措施进行分析的研究较少。

校园是中小学学生学习、生活活动的主要场所，雷击事故多发生在中小学校园中或其延伸区域(如上学、放学途中)，这两类共89起。由于暑假期间正是农忙期间，也是雷电活动最活跃的时期，农村地区中小学生要经常到田地里帮忙干农活，因此，中小学生在野外遭雷击的案例也比较多。家中是中小学生除学校外第二待的时间长的地方，雷击案例也比较多。以下提及的“不明”是只写明造成中小学生伤亡，而没有详细的信息。

4.4.1 数据来源

本研究数据来源于中国气象局雷电防护管理办公室《全国雷电灾害汇编(2000—2012年)》，受记录缺失或信息不规范的限制，摘录全国219起中小学生雷击伤亡案例。根据发生雷电灾害的环境特征，表4.4分别统计了野外、学校、家中等发生中小学生人员伤亡的雷电灾害次数。

表4.4 2000—2012年中小学生发生的雷电灾害次数

	野外	学校	家中	上学途中	不明	合计
雷击数/起	70	59	34	30	26	219
百分比/%	31.96	26.94	15.53	13.70	11.87	100

本节将中小学生雷击伤亡事故发生的环境进行分类，分别讨论了野外、学校、家中等不同自然和社会环境下发生的雷击灾害特征及应对措施。以典型案例为基础，探讨雷击造成的中小学生伤亡事故的特点与规律，为保护中小学生的人身安全、提升中小学生应对雷电灾害能力

提供参考。

4.4.2　学校及上学途中的雷电灾害

由于许多中小学的校舍、场地和其他教育教学、生活等公共设施，在雷电防护方面有明显安全管理疏漏，而且校园又是中小学生学习、生活、活动的主要场所，属于人群密集的场所。因此，校园雷电灾害中群死群伤的雷击事件较多。

4.4.2.1　教室雷电灾害

在 18 起发生教室雷电灾害的学校中，16 起是乡镇或以下的中小学，2 起是县城中学，所以可以认为发生雷击教室造成中小学生伤亡的全部发生在农村。“不明”中的 15 起，虽然没有写明发生雷击的具体情况，但都是发生在农村乡镇中学(表 4.5)。

表 4.5　校园雷电灾害特征

	教室	操场	厕所	不明	合计
雷击数/起	18	22	4	15	59
百分比/%	30.51	37.29	6.78	25.42	100

教室雷电灾害造成中小学生伤亡事故主要发生在农村地区的主要原因：第一，大多数农村中小学地处偏僻，地形、环境都相当复杂，教学楼、办公楼、宿舍楼没有外部防雷设施，例如，图 4.13 给出发生重大雷电灾害事故的重庆市开县兴业村小学教室。第二，配电多由变压器房架空引入建筑物，在电源部分、弱电系统无防感应雷、雷电波侵入措施及电源线路未做屏蔽处理等。第三，农村地区师生雷电防护意识淡薄，没有认识到防雷的重要性。张世谨等(2010)对贵州省都匀市中小学校的防雷设施调查中发现，农村中小学校的防雷装置合格率仅为 0.85%，市内为 60%～70%。而在本书统计的 219 起雷击中小学生案例中，发生在县级及以上的中小学生雷击事故占 10.96%，可以认为中小学生遭受雷电灾害大多数发生在农村地区，占 89.04%。

图 4.13　重庆开县兴业村小学教室

2004 年 9 月 6 日 08 时 45 分，武宣县某中学教室遭雷击，当场击伤在里面上课的学生 23 人，其中重伤 4 人。2002 年 5 月 27 日 15 时 50 分左右，获嘉县某中学的教学楼遭雷击，位于二楼的 4 间教室内有 28 名学生不同程度地被雷电击伤，其中 4 名学生伤势较重。据现场勘查和调查，该校教室的窗户都是铁窗，没有采取防雷措施，受到直接雷击，致使靠着教室南、北墙坐的同学受伤，接着又遭雷电感应，使学校的电源、电器多处受破坏。

为了防止和减少中小学生在校园内遭受雷击、受到伤害，校园内的教学楼、办公楼、宿舍楼等建筑物应安装直击雷防护的外部防雷设施。校园内的电源线路、信号线路、金属管道等引入建筑物时，应尽量采用地埋的方式并做屏蔽处理。

学校应加强宣传工作提高广大师生的防雷意识，雷雨天气时在有避雷装置的教室里是最安全的，要关好教室的门窗，把教室的电器电源切断，最好不要在电灯下站立。断开多媒体设备的连线，尽量不要使用电话。

4.4.2.2　操场雷电灾害

校园内较大的空旷区域包括篮球场、足球场、运动操场等开阔场地，属于雷击多发区，由于防雷意识不强，这些场地容易成为防雷的空白区域。因为这些场地较为开阔、范围较大，人站在场地上会成为制高点，当遇到一定强度的雷雨云时，雷暴云即会对人体进行放电，造成人员伤亡。

由发生在操场的雷电灾害案例可以得出有些学校防雷意识不强，出现雷雨天气后不采取有效措施组织学生进行躲避，而是继续进行教学等活动。例如，2004 年 9 月 17 日 15 时，台山市某小学校园，操场上的一棵大树被雷电击中，距该树不到 1 m 处的 2 个上体育课的小学生随即倒下，当场晕倒；又如 2005 年 9 月 14 日 16 时左右，湖南省某师范学校篮球场进行军训的 6 名女生和 1 名教官遭雷击倒在地上，其中 1 名女生被雷击身亡，其他 6 人受伤。

还有一些是学生雷电防护意识不强，出现雷雨天气后仍然在操场进行活动，例如，2007 年 6 月 22 日 05 时 30 分左右，乐东县某中学 20 多名男生在操场上踢球时遭雷击，造成 1 名 14 岁的学生死亡，2 名学生受伤，在操场上踢球的其他学生在雷击瞬间有头痛、头晕等现象。

在统计中有 3 次为操场中的旗杆被雷击，2 次学生在操场的树下避雨遭雷击。中小学都有升国旗的旗杆，多数为金属旗杆而且未做接地，当雷暴云来临时，由于旗杆较高，容易接闪遭受雷击，因旗杆没有接地雷电无法泄入大地，当有人路过此处时就容易遭受雷击。例如，2005 年 5 月 10 日，惠民县某小学遭雷击，击中铁管旗杆，1 名学生烧伤，4 名学生有电击感。

农村地区中小学的厕所一般建在操场的一角，属于空旷地区较高的建筑，而且没有雷电防护装置，因此也是学校雷电灾害多发地区，且容易造成较大伤亡，例如，2008 年 5 月 24 日 13 时 40 分，南康某中学厕所遭雷击，造成该校初三学生 1 人死亡，1 人重伤。

对于操场的雷电防护，当运动场四周有较高的照明灯塔时，可以直接利用灯塔作为接闪器，灯塔的金属体直接作为引下线。中小学学校要充分利用广播、宣传栏、墙报、防灾减灾课堂等，不断提高师生的防雷安全意识。雷雨时不要在室外参加体育活动，如赛跑、打球、游泳等，在上学途中，遇上雷电、大雨、大风等情况，应以安全为重，暂时到安全的地方躲避，等待雷雨、大风过后再继续上学。不要奔跑，最好不要骑自行车、摩托车，在空旷的地方不要打金属骨架的雨伞。

4.4.3　野外雷电灾害

中小学生在野外遭受雷击有 70 起，其中田间、放牧占 57.14%（表 4.6），可以肯定的是发生在农村地区，由于暑假期间正是农忙期间，也是雷电活动最活跃的时期，农村地区中小学生要经常到田地里帮忙干农活，因此，农村地区中小学生在野外遭受雷击的案例也比较多。

表 4.6 中小学生野外雷电灾害

	田间	放牧	树下	河边	其他	合计
雷击数/起	27	13	9	8	13	70
百分比/%	38.57	18.57	12.86	11.43	18.57	100

外出遇雷雨天气时，不要将铁锹、镐和锄头等农具扛得高高的。在雷雨中行走，要穿雨衣或打木柄、竹柄雨伞，不要撑铁柄伞。例如，2007 年 7 月 21 日，清新县黄殿村 3 名初中生在田边打伞时遭雷击，造成 2 人死亡，1 人受伤。

一旦感到头发竖起或皮肤有明显颤动感时，要立即意识到很快会遭雷击，要双脚并拢蹲下，双手放在膝上，手臂不要接触地面，不可躺在地上，以免增加危险。同时，要避免多人挤在一起。在江河湖泊等天然水域中游泳时，如遇雷电，要马上上岸，不要停留在没有避雷装置的船上。要远离高烟囱、铁塔、电线杆和大树，不在大树下、高压线、高压铁塔、变压器、小屋、工棚、凉亭避雨，远离电线等带电设备或其他类似金属装备。

4.4.4 家中遭受的雷电灾害

中小学生在家中遭受雷击有 34 起，表 4.7 给出了其分布情况，其中在雷雨天气抢收屋面晾晒的粮食、衣物等最多，有 9 起，其次是在家洗浴、接听电话、看电视等遭受雷击，由于线路导致的，有 7 起，由于雷击引发建筑物受损导致中小学生伤亡有 4 起，“不明”是仅仅说明中小学生在家遭受雷击造成伤亡情况。

表 4.7 中小学生家中雷电灾害

	屋面	线路	建筑物	不明	合计
雷灾数/起	9	7	4	14	34
百分比/%	26.47	20.59	11.76	41.18	100

对于中小学生在家中遭受雷击，学生家长和学生都有一定的责任，首先在雷雨季节应密切关注天气预报，在预报有雷电的情况下，不应晾晒粮食、衣物等，而在抢收的情况下，作为中学生应该根据声光差来估算闪电距离，应该保证人身安全的情况下进行作业。放学在家遇到雷雨天气时，应关闭门窗、关掉电源、不上网、不看电视，应尽量不打固定电话、不用热水器洗澡。

4.4.5 结论

利用《全国雷电灾害汇编(2000—2012 年)》资料整理了 219 起中小学生雷击伤亡案例，发现共造成 571 人伤亡，其中 196 人死亡，375 人受伤。中小学生遭受雷电灾害大多数发生在农村地区，占 89.04%。发生于教室的雷电灾害容易造成群死群伤事故。教育主管机构应重视学校教学设施及学生活动场所的雷电防护，学校应加强宣传工作，提高广大师生的防雷意识。

4.5 旅游景区雷电灾害特征及防御

近年来，随着居民生活水平的不断提升，我国旅游业进入大众化、产业化时代，旅游安全事件和突发事故逐年增加。由于旅游景区的特殊性，防雷措施的局限性和传统防雷措施的不可覆盖性以及游客防雷意识薄弱等原因，旅游景区雷击事故频频发生。2011 年 11 月 5 日，梵净山发生严重雷击事件，受伤人数多达 34 人，且发生于梵净山文化旅游节开幕当天，引起社会广泛关注。如何有效减少景区雷击事故和降低雷击灾害风险成为旅游学者和气象学者共同研究与探索的重要课题。目前，国内有少数学者对旅游景区的雷电防护进行了探讨，但仅侧重针对某一景区的雷电防护研究，对旅游景区雷电灾害规律进行分析的很少。本研究根据雷电灾害发生规律，系统分析了风景区、寺庙观堂、公园类、文博院馆、森林公园等旅游景区雷击特征，在对景区雷击人员伤亡情况分析的基础上，提出防止或减少旅游景区雷击的建议与对策，为旅游景区因地制宜地采取防雷措施提供了参考。

4.5.1　数据来源

根据《旅游区(点)质量等级的划分与评定》中旅游景区的定义以及雷电灾害的相似性，将易发生雷电灾害的旅游景区分为风景区、寺庙观堂、公园广场、文博院馆、森林公园五类，并分别讨论，其中，森林公园中包括自然保护区、植物园等。根据定义，度假村也是旅游景区，但由于大部分度假村为景区内的现代建筑，其雷电防护方法与一般民用建筑无异，因此不做讨论。

研究数据来源于中国气象局雷电防护管理办公室《全国雷电灾害汇编(2000—2013 年)》，其中摘录旅游景区雷电灾害案例共计 322 起。按照旅游景区类型统计雷电灾害发生情况(表 4.8)，风景区和寺庙观堂为主要雷电灾害发生地，两者约占雷电灾害总数的 69.25%，其次是公园广场，文博院馆和森林公园发生雷电灾害的数量较少。

表 4.8　2000—2013 年各类景区发生的雷电灾害

	风景区	寺庙观堂	公园类	文博院馆	森林公园	合计
雷击数/起	130	93	59	20	20	322
百分比/%	40.37	28.88	18.32	6.21	6.21	100

注：由于在计算过程中四舍五入，可能导致表中合计百分比不等于 100%，为了便于阅读，数据统计表中合计所占百分比本书均写 100%，下同。

4.5.2　旅游景区雷电灾害特征分析

4.5.2.1　风景区的雷电灾害特征

在风景区雷电灾害中，山岳型景区有 104 起，水体类景区有 10 起，其他景区有 16 起。造成 27 人死亡，145 人受伤，表 4.9 给出了风景区雷电灾害统计数据。其中，索道发生雷击有 37 例，占风景区雷电灾害的 28.46%。索道是旅游景区广泛使用的交通工具，承担着庞大的游客运量。索道所处环境多数是河岸、丘陵、山坡，甚至是孤立的山峰，而且有暴露在野外的长距离架设的钢索和信号线路，因此索道遭受的雷击主要来自线路的直接雷和感应雷。由于索道配置有自动化控制和监测系统，而电子器件对雷电干扰极其敏感，承受能力脆弱，雷击电磁脉冲可将元器件击穿，导致控制系统故障或损坏设备，因此，索道雷电灾害中 80%是电子器件的损坏。

表 4.9　风景区的雷电灾害

	索道	人员伤亡	微电子设备	建筑物	电力设备	树木	监控系统	其他	合计
雷击数/起	37	33	20	14	9	7	7	3	130
百分比/%	28.46	25.38	15.38	10.77	6.92	5.38	5.38	2.31	100

雷电造成风景区人员伤亡有 33 起，占风景区雷电灾害的 25.38%。旅游者伤亡除对旅游者本身造成巨大的伤害外，还会对旅游景区造成较大的影响，当景区内因雷击发生人员伤亡时，媒体、公众会高度关注事件的发展，在互联网较为普及的时代，信息传播快且范围不断扩

大，对景区的对外形象形成负面影响，影响景区旅游经济的持续健康发展。

微电子设备雷击灾害有20起，占风景区雷电灾害的15.38%，微电子设备在本书中主要指计算机、电话、电视等。电力设备雷击灾害有9起，占风景区雷电灾害的6.92%。风景区大多数为山岳型景区，夏季局地天气对流较强，雷暴活动非常频繁，输电、信号线路远离城区，架空线路较多，因此，微电子设备、电力雷击主要来自线路遭受的感应雷和直击雷。

监控系统遭受雷击的雷电灾害有7起，监控系统的6起是监控器(摄像头)遭受雷击引发的，其中，2起监控机房同时遭雷击。监控机房遭雷击主要是雷电流沿着线路进入监控机房导致的，对于前端设备(如摄像头等)应置于避雷针有效保护范围之内。可以根据各部分所在的位置分别进行合理布线、屏蔽、等电位连接、电涌保护器等手段来进行雷电防护。

建筑物雷电灾害主要指亭(凉亭)，14起建筑物雷电灾害中亭遭雷击就占7起，而在景区全部人员伤亡中，旅游者在凉亭中躲雨遭受雷击有10起，可见凉亭应为旅游景区雷击灾害防御的重点部位。例如，2013年9月14日13时左右，宁波市北仑区九峰山九峰之巅景区遭雷击，击坏山上凉亭，造成1人死亡，16人受伤，图4.14给出了损坏的凉亭。图4.15给出了2005年7月2日晚，辉县市百泉苏门山龙亭遭雷击，导致起火，龙亭被烧毁。亭是一种中国传统建筑，多建于风景区、公园等景点，供行人休息、乘凉或观景用。一般为开敞性结构，没有围

图4.14 九峰山凉亭遭受雷击

图4.15 百泉苏门山龙亭遭雷击烧毁

墙，顶部可分为六角、八角、圆形等多种形状。在风景区或者公园，一旦遇上雷雨天气，旅游者一般会进入亭子中躲避，而大多数亭子没有直接雷防护措施，因此，亭子便成了旅游景区容易遭受雷电侵袭的部位。

4.5.2.2 寺庙类景区雷电灾害特征

寺庙观堂大部分都是文物建筑，文物建筑大多数建在地势较高的山上或建在土壤电阻率有突变的山脚边，大部分文物建筑周围还存在河、湖、池塘、泉水等，然而这些因素使得文物建筑容易受到雷电的侵袭，并且容易多次落雷，而且文物建筑周围大都有高大的树木，许多都是几百年甚至上千年的古树，图 4.16 给出的梵净山风景名胜区金顶，所处环境就易于发生雷击。

图 4.16 梵净山金顶

表 4.10 给出了文物建筑的吻兽、屋脊、挑檐等突出部位的雷击事故 21 起，占寺庙观堂等景区雷电灾害总数的 22.58%，由于吻兽等文物建筑位于容易遭受雷击的建筑物顶端，因此文物建筑的突出部位吻兽、屋脊、挑檐等应重点防护。

表 4.10 寺庙观堂等景区的雷电灾害

	突出物	服务设施	起火	古塔、古亭	人员	树木	其他	合计
雷击数/起	21	24	12	11	9	8	8	93
百分比/%	22.58	25.81	12.90	11.83	9.68	8.60	8.60	100

大多数国家、省、市级重点文物保护单位的文物建筑物内部都增设了电源、通信、安防等服务设施，增加了雷电侵入文物建筑物的通道，但是多数单位对服务设施的雷电防护不重视，因此，文物建筑的服务设施遭雷击也比较多，有 24 起，占文物建筑雷击事故的 25.81%。

一般情况下古塔、古亭的高度都比较高，如山西省汾阳市文峰塔高 84.93 m、山西省应县释迦塔高 67.31 m，按照雷击规律高的建筑物容易发出向上先导与雷暴云的向下先导接触，造成雷击，因此，古塔、古亭也容易遭受雷击，共 11 起。文物建筑周围的树木一般经过多年成长，大多数高出附近的文物建筑物数米，也容易遭受雷击，而且会使旁边的文物建筑物遭受连累，从表 4.10 可以看出树木雷击有 8 起。

可以看到文物建筑遭雷击后起火的有 11 起，文物建筑是中华民族珍贵历史文化遗产的重要组成部分，是中华文明源远流长的历史见证，是不可再生的人文资源，文物建筑起火造成的火灾损失是无法以金钱来估量的，例如，山西省稷山县大佛寺因雷击引发火灾，大火烧毁了大佛寺的佛阁和大量的珍贵木刻、砖雕等艺术品，如图 4.17 所示，仅仅剩下三面残墙。

图 4.17　大佛寺雷击火灾

文物建筑防雷保护，应以保护文物建筑为目的，坚持防护至上、统筹兼顾的原则，做到安全可靠。①以减少或避免雷击及造成的损伤为首要任务，文物建筑的防雷工程设计、防雷装置和施工等方面的要求要体现科学性和先进性，以达到防护的目的。②统筹兼顾，文物建筑防雷保护，应以保护文物建筑为目的，以不改变文物建筑的原状为准则，坚持防雷设施与建筑环境保护一致，与建筑风格相协调，建筑保护与人身安全保护并重的原则，做到安全可靠。因此，文物建筑防雷设计与施工方法既充分考虑保持文物建筑原貌和艺术特点，又符合文物建筑周围地理、土质、气象、环境、雷电活动规律。

4.5.2.3　公园类景区雷电灾害特征

表 4.11 给出了公园类景区的雷电灾害特征，可以看出遭受雷电灾害的对象主要是旅游者、树木(含古树)、电子设备和建筑物。公园类景区的主要特点是有一定的建筑物，相对较大的空旷区，普遍存在大面积的树木和水域，人员密集。因此，人员伤亡在公园类景区发生较多。公园里的供电、监控系统、景观照明系统线缆距离长，布设位置受客观影响，对雷电防护带来不便，因此照明设备及摄像头遭受的雷击比较多。由于大多数的建构筑物无任何防雷设施，因而，建筑物和办公设备遭雷击的案例也比较多。

表 4.11　公园类景区的雷电灾害

	人员伤亡	树木	电力	建筑物	办公设备	监控	合计
雷击数/起	18	16	9	7	5	4	59
百分比/%	30.51	27.12	15.25	11.86	8.47	6.78	100

4.5.2.4　文博院馆、森林公园雷电灾害特征

统计的 20 起文博院馆类雷电灾害中有 14 起为博物馆，3 起为纪念馆，因此主要讨论博物馆的雷电灾害。博物馆是征集、典藏、陈列和研究代表自然和人类文化遗产的实物的场所，大部分博物馆为现代建筑，有着完善的直击雷防护措施，在文博院馆类景区雷电灾害中有 14 起

是微电子设备，其雷电防护措施与电子信息系统防护无异，因此不此做讨论。

森林公园是以大面积人工林或天然林为主体而建设的公园。森林公园是一般面积较大，森林覆盖率高，多处在偏远山区，具有一至多个生态系统和独特的森林自然景观的地区建立的公园。森林公园雷电灾害事故主要是雷击树木，在20起雷电灾害事故中有9起是雷击树木，其中4起还引起森林火灾。树木遭雷击是旅游景区中一个重要的灾害。在整个旅游景区雷电灾害中树木遭受雷击有41起，引发森林火灾6起，而寺庙观堂和公园类景区的树木雷击多数为古树、名木。对于处于雷电活动活跃地区的古树、名木应做一定的直接雷防护措施。由于雷电发生具有时空随机性、瞬时性，目前对雷击引发的森林火灾的规律的认识仍然不够全面，雷击引起森林火灾的预警预报与防护仍有待提高。

4.5.3　旅游者伤亡分析

旅游者伤亡事故在风景区、公园类景区的雷电灾害中表现尤为突出，分析人员伤亡发生的周围环境，发现登山途中、岗亭、建筑物、水体、树下、城墙上是最容易发生旅游者被雷击事故的地方。

从表4.12可以看出，导致雷击人员伤亡最多的环境是在登山途中，其次是岗亭，再次是水体、树下。在雷电交加时，首先考虑的是对旅游者的保护，其次是以最大限度地降低雷电给旅游景区带来的损失。岗亭、建筑物中发生雷击伤人事件，主要原因是防雷装置不完善，缺乏直击雷防护措施。

表4.12　旅游者伤亡环境分布

	登山途中	岗亭	树下	水体	建筑物	城墙上	其他	合计
雷击数/起	16	12	8	9	6	4	10	65
百分比/%	24.62	18.46	12.31	13.85	9.23	6.15	15.38	100

针对旅游景区内游客在不同的线路和景点内游玩具有高度分散的特点，以及知名度较高、观赏性较强的景点内人员相对集中的特点，应该在人员密集及雷击多发区建立避雷所。

对于登山途中、水体、树下、城墙上的人员雷电防护，应以加强宣传防雷知识为主，让旅游者意识到雷雨来临时在大树下避雨，在雨中急跑、行走等行为易受雷击，意识到哪些地方属于易遭雷击区、使游客及景区工作人员懂得基本的防雷知识，其次，结合雷电预警预报，通过广告屏在旅游景区随时发布预警信息，提醒旅游者遇雷雨天尽量不要外出等。

4.5.4　结论

通过对全国2000—2013年的322起旅游景区雷电灾害统计的分析得到以下结论：

(1)风景区类景区中索道雷电灾害严重，岗亭是风景区及公园类景区的重点防护对象。

(2)寺庙观堂类景区主要是文物建筑的吻兽等突出部位、服务设施等容易遭受雷电侵袭。文物建筑防雷保护应以保护文物建筑为目的，以不改变文物建筑的原状为原则，坚持防雷设施与建筑环境保护一致，与建筑风格相协调，建筑保护与人身安全保护并重的原则，做到安全可靠。

(3)文博院馆应加强电子信息系统的雷电防护，树木遭受雷击及引发的森林火灾不仅是森林公园的主要雷电灾害，也是其他景区的主要雷电灾害，林火是重点防御对象。人员伤亡、树木遭受雷击在公园类景区发生的较多。

(4)旅游景区雷电灾害中，旅游者的伤亡现象严重，首先应对旅游者加强雷电防护知识的宣传，其次要在景区通过大屏幕、广播等措施做出雷电预警预报等服务，最后应在人员密集且雷电多发区建立避雷所。

(5)发生过雷电灾害的地方容易再次发生雷电灾害，对旅游景区雷电防护尤为重要。

4.6 雷击火灾规律及防御

雷电灾害被列为世界十大自然灾害之一，其经常造成人员伤亡和财产损失，甚至可以引起森林火灾，仓储、炼油厂、油田等燃烧甚至爆炸，造成重大的经济损失和不良的社会影响。雷电引发火灾主要原因有以下几个方面，首先，闪电过程具有非常大的瞬间峰值能量，回击电流峰值高达几万安培，闪电通道温度可达几万摄氏度。一旦雷击中地面的建筑物或工业设施等，会造成巨大的破坏作用，而且还常常引起火灾、爆炸等更严重的灾害。其次，地面的金属物顶端感应到大量静电，放电时产生电火花，引起易燃易爆物燃烧、爆炸。再次，发生雷击时，产生强大的交变磁场，磁场中的金属物产生感应电流，使金属物发热，并可产生电火花，引起火灾事故。此外，雷击时还产生很高的冲击电压，可击穿电气设备的绝缘，形成短路，导致火灾。

不同行业的雷击火灾都有一定规律，通过对雷击火灾案例的分析，可以找出其原因以及规律，只有掌握了规律，雷电防护才能取得良好的效果。本节通过对收集到的 796 起雷击火灾案例进行分类研究，给出了不同行业雷击火灾的原因以及主要防御方法，可以为减轻雷电灾害造成的经济损失和人员伤亡提供重要的科学依据。在书中主要讨论民用建筑、工业建筑、易燃易爆等行业的雷击火灾规律及防御。

4.6.1 雷击火灾统计分析

本研究数据来源于中国气象局雷电防护管理办公室发布的《全国雷电灾害汇编(2000—2012)》，雷击案例为各省(区、市)气象局收集，为不完全统计，共摘录全国 796 起雷击火灾案例。

图 4.18 给出了雷击火灾行业分布情况，可知，民用建筑是雷击起火的重灾区，占雷击起火案例的 45.98%，民用建筑主要包括民居、商业、文物建筑、文教体育、机关单位等。其次为工业建筑有 177 起，图 4.19 给出了工业建筑雷击火灾布情况，工业建筑起火案例主要包括厂房(占 48.59%)、仓储(占 47.46%)、移动基站(占 3.95%)等，雷击、火灾事故占 22.24%。易燃易爆 70 起(占 8.79%)、金融行业 5 起(占 0.63%)，其他起火案例未在以上分类中。

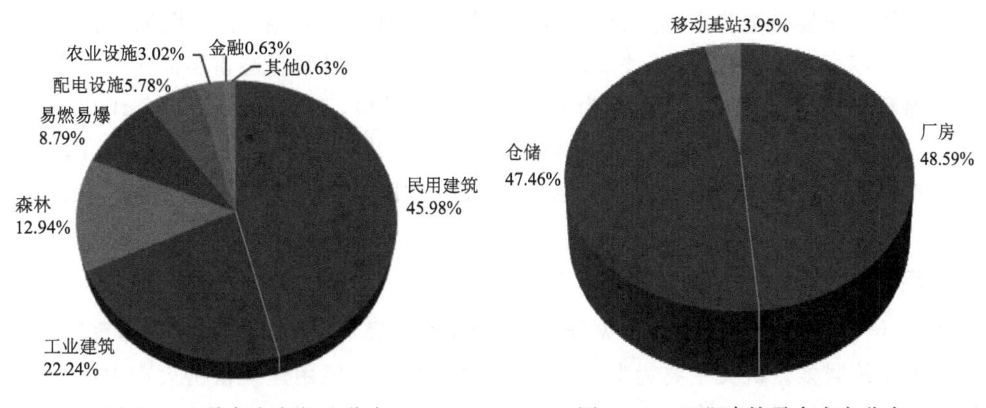

图 4.18　雷击火灾行业分布　　图 4.19　工业建筑雷击火灾分布

森林火灾103起(占12.94%),森林火灾会对植被和生态环境造成严重影响,雷击森林火灾是森林火灾的主要原因之一,占森林火灾总数的10%～30%。目前,对雷击引发的森林火灾规律的认识仍然不够全面,雷击引起森林火灾的预警预报与防护有待提高。

配电设施火灾46起(占5.90%),配电系统雷击起火主要为社区的小型变压器、配电箱等,室外小型变压器主要安装在田野、路边等,处于容易遭受直接雷击的地方,且高、低压线路多为架空导线。

雷击引起农业设施火灾24起(占2.89%),农业设施主要指雷击引起养殖业雷击起火、农田雷击起火等。在养殖业中养鸡场遭雷击引起火灾10起,养殖场所建房屋一般为简易房,虽然高度比较低但建在野外,仍属于较高建筑,养鸡场内易燃物比较多,因此,养鸡场的雷击火灾相对较多。

4.6.2　工业建筑雷击火灾特征

在工业建筑雷击火灾中,厂房雷击火灾86起,其中雷击引发线路、电器等起火导致的火灾15起,雷电直接击中厂房屋顶引发火灾9起,其他未写明雷击部位的有61起。

目前,许多厂房为金属屋面加泡沫保温层结构,金属屋面接地不良,保温层容易燃烧,屋面接闪时容易将易燃保温层引燃进而引发厂房火灾。其次,当雷电流沿着线路侵入,引燃电线或者电器,进而易燃厂房内的易燃物品,引发火灾,因此,厂房内的物品应与电源线、电器等保持一定的安全距离。

当闪电击中金属屋面时,接触处的能量转换可按照简化式(4.2)计算:

$$V=\frac{u_{a.c}Q}{\gamma}\frac{1}{C_w(\theta_s-\theta_u)+c_s} \tag{4.2}$$

式中,V为被熔化金属的体积(m^3),$u_{a.c}$为阳极或阴极表面的电压降(V),采用30 V,Q为雷电流的电荷(C),γ为被熔化金属的密度,取铝的密度为2.7×10^3 kg/m^3,C_w为热容量,取铝的热容量为900 J/(kg·K),θ_s为熔化温度,取358 ℃,θ_u为环境温度,取20 ℃,c_s为熔化潜热,取3.9×10^5 J/kg。以二类防雷建筑物为例,取长时间雷击电荷Q,为200 C,可得V为2.88×10^{-6} m^3。如果铝材厚度为0.65 mm,则铝板融化面积为4.43 mm^2,可见雷击完全能将金属板击穿融化,引起火灾。

仓储行业84起雷击火灾中,粮库24起,棉花库6起,露天堆场17起,露天堆场主要为芦苇等草料,可以看出,发生雷击火灾的主要为易燃物品,移动基站主要为机房起火。

露天堆场要安装防雷装置,应采用多针或接闪线保证每个棉麻垛、草垛都在接闪针、线的保护范围之内,对已安装的防雷装置要定期进行检查、检测,以确保避雷功能正常发挥。

对于棉麻等物品不要采用铁丝作为棉麻包的捆绑材料,王健等(1999)对1998年6月12日14时,发生在江西省棉麻集团公司棉麻储备仓库1号库房的雷击特大火灾进行调查发现,雷击在捆扎棉花包的铁丝圈内引起感生电流,可使铁丝圈发热升温到大约685 ℃,已超过棉花的着火点。

4.6.3　民用建筑雷击火灾特征

图4.20给出了民用建筑雷击火灾分布,民用建筑中民居、文物建筑、文教体育等发生雷击火灾的砖木建筑居多。机关主要为电源、机房等设施起火。民用建筑雷击火灾中民居占多数,而民居又以农村建筑雷击居多,占90%以上。目前,在我国农村地区还存在相当部分的砖木

结构的建筑，而且大多数农村建筑物的防雷装置建设滞后，因此在遭受雷击后容易引发火灾。

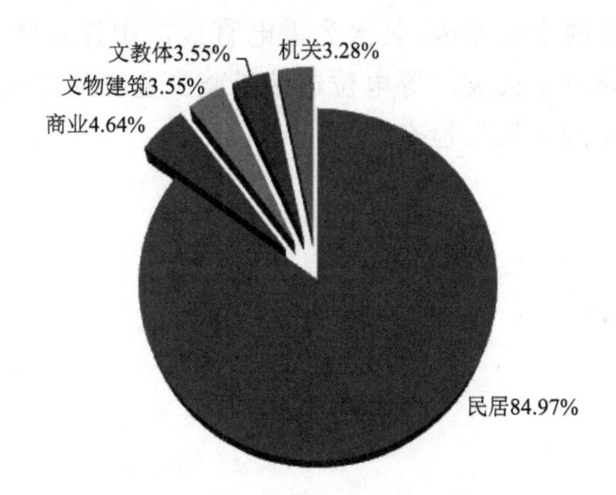

图 4.20　民用建筑雷击火灾分布

民居起火主要有以下原因：一是雷电直接击中建筑物，由于建筑物为砖木结构，在雷电流泄放过程中引燃了木材，因而导致了火灾；二是雷电流沿着线路侵入，引燃了电线或者电器，进而引燃了屋内的易燃物品，引发火灾，因此房内的物品应与电源线、电器等保持一定的安全距离；三是雨天时，应切断所有不用的电器设备的电源，拔出未装避雷器的室外天线。

统计中商业建筑主要包含商场、商店等，此类建筑一般位于城市，具有一定的防雷措施，雷击火灾主要为雷电流沿电源线等线路侵入，引燃易燃物引发。例如，新乡市某小商品批发城雷击火灾事故，贾继军等(2009)经过调查后发现感应到附近的电源线路进入大棚引起线路起火是主要的原因。

4.6.4　易燃易爆场所雷击火灾特征

易燃易爆场所生产、贮存、运输大量易燃易爆化工原料和产品，而原料、产品的易燃易爆性使易燃易爆场所遭受雷击，易发生火灾。在易燃易爆场所的雷击火灾中，雷击火灾由金属间放电引起的有 9 起，雷击电源、电器等引起火灾的有 5 起，雷电直接击中罐体、烟囱、排空管等设备引起火灾的有 15 起，未说明具体情况的有 45 起。

一般情况下，易燃易爆场所都有直击雷防御措施，但是金属装置腐蚀锈断或螺栓松动等容易造成电气连接不良，不利于雷电静电泄放，甚至产生间隙放电。因此，在易燃易爆场所雷击火灾中由金属间放电引起的火灾比较多。等电位连接是减少金属间电位差的主要方法，易燃易爆场所应重视等电位连接等，并做到经常检查。

易燃易爆场所一般都有储罐、烟囱、排空管等高大突出的物体，使其易遭受雷击，雷击引起罐体爆炸、排空管起火，主要原因是雷电直接击中罐体，电流未导走，引发爆炸、起火。

一般情况下，罐体金属厚度 4 mm 时，按照《石油库设计规范》可不专设避雷针保护。但是钢板可能因长期被腐蚀，会使厚度小于国家规范设计要求的 4 mm。例如，2006 年 7 月 15 日 01 时，惠州市东江发电厂 1 号油罐遭雷击，雷击造成油罐掀顶爆炸燃烧，烧毁 5000 t 180 号重油罐，造成重大经济损失，经当地消防部门调查，原因就是发生雷击爆炸的裂缝部分钢板厚度小于 4 mm。

4.6.5　结论

通过对全国 2000—2012 年 796 起雷击火灾的统计分析，发现民居、厂房、森林、配电雷击火灾案例比较多，雷电流沿着线路侵入，引燃了电线或者电器，进而引燃了易燃物品，引发火灾，是民居厂房等引发火灾的主要原因，其次为雷电直接击中建筑物，在雷电流泄放过程中引燃了木材或其他易燃物，导致了火灾。等电位连接是减少金属间电位差的主要方法，易燃易爆场所应重视等电位连接，并做到经常检查。

第 5 章　煤矿雷电灾害特征及防御

煤矿的安全生产涉及多个层面，雷电防护是其中不可缺少的重要一环。随着煤炭工业的飞速发展，大量电气设备和电子信息系统普遍应用到煤矿的炸药库、配电室、电子泵房、微机房以及瓦斯监控器、程控交换机等领域。由于煤矿大多处于高海拔的山区，地表土壤差别大，夏季局地天气对流较强，雷暴活动非常频繁，而且许多煤矿的防雷装置安装不规范，导致煤矿被雷击的事故逐年增加，直接威胁煤矿的生产和工作人员的安全。山西省是煤炭工业生产大省，煤炭产量约占全国总产量的 40%，煤矿雷电灾害占全国雷电灾害的 35.6%，在山西省雷电灾害造成的经济损失中，煤矿遭受雷击占厂矿雷击事故的 35.4%，财产损失更是占总的经济损失的 60.28%。许多学者都对煤矿的雷电防护进行了探索，但多是对某一煤矿或设备的雷电防护进行研究，缺少对煤矿雷击灾害规律进行分析。

5.1　煤矿雷电灾害特征

5.1.1　雷电灾害统计分析

为了使煤矿因地制宜地采取防雷措施，防止或减少雷击煤矿所造成的损失，应了解煤矿的雷击灾害情况。本节通过对煤矿雷电灾害特征的分析，给出了煤矿受雷击设备的分布情况，讨论了煤矿遭受雷击的原因，探讨了微电子设备、配电设备等易受雷击设备的雷电防护措施。研究结果对煤矿的防雷有一定的意义，对促进煤矿安全生产具有非常重要的意义。

煤矿遭受雷击是有一定规律的，认识雷击事故的规律非常重要，只有掌握了规律，防雷设计才能取得良好效果。煤矿所在的位置与建筑物的性质、形状，以及建筑物的结构、内部设备情况都会对雷击的选择产生影响。将《全国雷电灾害典型实例汇总》中 2000—2012 年山西省煤矿雷电灾害典型事例摘录并作统计分析。表 5.1 给出了煤矿雷电灾害统计，可以看到，微电子设备、配电设备、办公设备是煤矿最易遭受雷电灾害的设备。

5.1.1.1　微电子设备

微电子设备①是煤矿雷电灾害的重灾区，有 25 起，占煤矿雷电灾害的 42.37%。随着现代化管理意识的增强和以计算机为核心的煤矿安全监控技术的日益成熟，煤矿安全生产监控系统已经在煤矿生产中得到广泛应用，但由于矿区的特殊地理环境和气候条件，加之微电子元件的耐压能力较差，一旦雷电流侵入线路，极容易造成设备损坏。

在微电子设备的雷电灾害中，瓦斯监控有 18 起。表 5.2 给出了瓦斯监控系统雷击部位情况，可以看到，瓦斯监控仪的雷电灾害有 9 起，而且许多案例写明是井下监控仪被雷击，可以得

---

① 书中的微电子设备主要是指煤矿监控、网络等设备，办公设备主要指办公区内的电视、电话、计算机等；其他是指雷电灾害案例中没有说明什么设备遭受雷击。

出，大部分监控仪的雷电灾害都是雷电流沿着线路进入矿井导致的，因此，矿井内雷电防护显得尤为重要。

表 5.1 煤矿雷电灾害

	微电子设备	配电设备	办公设备	油罐	其他	合计
雷击数/起	25	13	5	1	15	59
百分比/%	42.37	22.03	8.47	1.69	25.42	100

表 5.2 瓦斯监控系统雷击部位

	监控仪	监控中心	其他	合计
雷击数/起	9	7	2	18
百分比/%	50.00	38.89	11.11	100

煤矿监控系统一般由三个功能部分组成：传感器和执行器（监控仪）、信息传输装置（包括传输接口、分站、传输线、接线盒等）、监控中心（包括计算机、外围设备等）。可以根据各部分所在的位置分别进行合理布线、屏蔽、等电位连接、电涌保护器等手段来进行雷电防护。

5.1.1.2 配电设备

配电设施是煤矿雷电灾害的第二重灾区，共有 13 起，约占煤矿雷电灾害的 22%。由于煤矿多位于海拔较高的山区，输电线路远离城区，基本都是架空线路，因此，煤矿配电设施遭受的雷击主要来自输电线路遭受的直击雷和感应雷。

表 5.3 给出了配电设备雷击部位情况，可以看出，电涌保护器有 4 起，变压器有 2 起。由于变压器位于配电室内而电涌保护器又位于配电柜内，因此遭遇直击雷的可能性很小，雷电流只能通过输电线路进入配电室，如果加上线路遭受的雷击，则由于输电线路遭受雷击造成的雷电灾害约占煤矿配电设备雷电灾害的 70%，因此，输电线路是煤矿雷电防护的重点部位。

表 5.3 配电设备雷击部位情况

	电涌保护器	变压器	线路、跳闸	配电室	电器	合计
雷击数/起	4	2	2	1	1	10
百分比/%	40.00	20.00	20.00	10.00	10.00	100

输电线路遭受雷击主要有两方面原因，一是由于雷击地面物体具有选择性，对于空旷地区，一般雷击比较高的物体；二是输电线路的工作电压对电的吸引作用可能会导致雷击概率的增加。

5.1.2 煤矿易遭受部位及原因

表 5.4 给出了煤矿各部位和系统易遭受的主要雷害、易受雷击部位、原因，煤矿的办公楼建筑主体、炸药库及主、副井提升机房（架）和变电所这些突出地面高的物体易遭受直接雷击；信息系统与供配电系统和炸药库等最容易遭受雷电感应的损害。存在较多线路和电子设备的信息系统、供配电系统与主、副井提升机房是容易遭受雷电波侵入的部位。雷击电磁脉冲主要作用于通信系统、瓦斯监控系统和监测系统等信息系统，电磁脉冲可以穿透岩层或者通过井口的各种金属管道和线缆干扰或损坏井内的电子设备。

表 5.4　煤矿各部位和系统易遭受的主要雷电灾害

部位和系统	主要雷害	易受雷击部位	原因
建筑主体	直击雷	檐角等突出部位	位置突出
信息系统	雷电波侵入、雷电电磁感应、雷击电磁脉冲	监控仪	架空线路
供配电系统	直击雷、雷电波侵入	电涌保护器、变压器	架空线路
炸药库	直击雷、雷电感应	—	—
主、副井提升机房	直击雷、雷电波侵入、雷电电磁感应、雷击电磁脉冲	—	位置突出、架空线路

由于许多矿井内存在瓦斯浓度偏高、通风不畅等诸多不安全因素，因此，雷电流进入井下可能造成重大雷击事故。

5.1.3　山西省煤矿雷电灾害地区分析

表 5.5 给出了山西省煤矿雷电灾害地区分布，雷击密度由 2006—2008 年山西省闪电定位资料获得。发现阳泉、晋城的煤矿雷电灾害较多，其次为晋中、忻州、长治，不同地区煤矿雷电灾害起数基本上与雷击密度一致，因此，晋城的雷击密度较低，但是煤矿雷电灾害数较多。

表 5.5　煤矿雷电灾害地区分布

	阳泉	晋城	晋中	忻州	长治	太原	朔州	吕梁	临汾
雷击数/起	16	13	9	8	5	3	3	1	1
雷击密度/(起/(a·km^2))	2.62	0.75	1.69	1.71	1.28	2.00	1.35	1.03	0.87
煤矿数量/座	50	114	125	63	112	48	63	106	94

图 5.1 给出了山西省主要煤矿分布，图 5.2 给出了山西省煤矿典型位置。山西省的煤矿大多数处于高海拔的山区，并且很多煤矿同时处于岩石和土壤的交界处及土壤电阻率有突变的地点，夏季局地天气对流较强，雷暴活动非常频繁，根据雷击的选择性，土壤电阻率有突变的地方容易遭受雷击。因此，煤矿矿区是一个容易遭受雷击的地点。

另外，煤矿在生产和运输过程中会产生大量的煤炭粉尘，这些粉尘悬浮在矿区上方的空气中，无疑增加了矿区上方空气的电导率。在地面上空的大气层中，如果某个区域内带电粒子浓

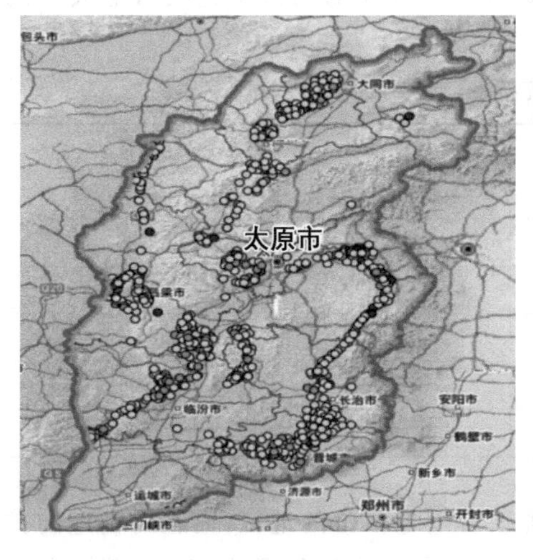

图 5.1　山西省主要煤矿分布

图 5.2　山西省煤矿典型位置

度较大，则在发生雷云对地放电时，这一区域的空气就比较容易被游离。当其上空出现雷云时，由于雷云静电的感应，使附近地面或地面上的建筑物积聚相反的电荷，从而地面与雷云间形成强大的电场。当某处积聚的电荷密度很大，激发的电场强度达到空气游离的临界值时，雷云便开始向下方阶梯式放电。这也在一定程度上增加了雷电灾害发生的可能性。

5.1.4 典型案例分析

一旦煤矿遭受雷击，整个系统都会受到影响，以长治市某煤矿为例分析煤矿雷电灾害特征，该矿属于年产 90 万 t 生产能力的煤矿。

该矿从 2003 年开始，每年都有雷电灾害发生。2005 年，雷击损坏程控交换机；2006 年 6 月 28 日下午，工人发现红光，监控室、电子矩阵、电子秤有损坏，变电站也有部分设备损坏。

2007 年 6 月 4 日 15 时 30 分左右，炸药库的监控头损坏；二层结构的职工宿舍被击毁屋角，屋内电闸、天面预制板、水管过墙处、热水器、电灯等多处损坏；职工食堂内的电视机损坏；职工澡堂的水池内有闪络放电发生，工人洗澡有发麻感觉；监控机房内设备损失较大，有 2 台主机损坏，办公楼大厅、公司大门口、财务、泵房等多处摄像头损坏；主井的绞车刹车开关也在此次雷害中损毁了，如图 5.3 所示。

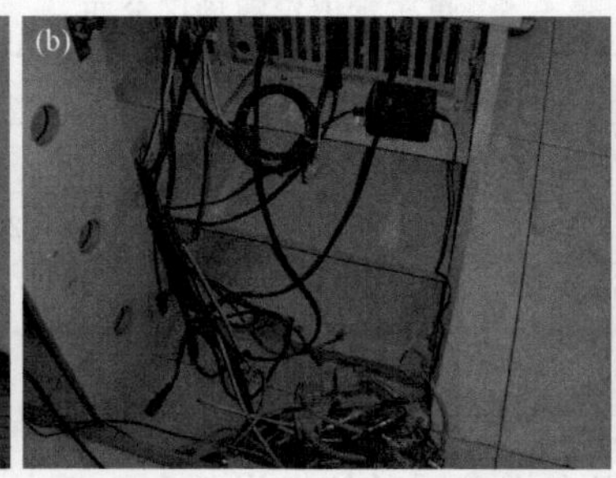

图 5.3 某煤矿遭雷击设备

根据山西省闪电定位实况资料，2007 年 6 月 4 日长治县发生多次雷击，表 5.6 给出了 6 月 4 日 15 时 30 分左右发生在长治县境内的雷击，根据全球定位系统(GPS)定位，此矿位置约为 36°N、113°E，可以得出，发生在 15 时 32 分且强度为 59.3 kA 的闪击是此次雷电灾害的元凶。

表 5.6 2007 年 6 月 4 日闪电定位系统与雷击点相吻合的资料

时间	纬度/°N	经度/°E	强度/kA	陡度
15 时 23 分	36.09	113.09	58.5	6.1°
15 时 24 分	36.08	113.09	54.9	7.4°
15 时 30 分	35.98	113.10	95.8	12.0°
15 时 32 分	36.04	113.02	59.3	5.4°
15 时 36 分	35.98	113.01	122.3	10.8°
15 时 38 分	35.95	113.06	71.1	12.8°

该煤矿位于一个突出孤立的小山包，四周空旷，属于易发生雷击的地区；而且对雷电防护不重视，矿区建筑及设备均未做防雷措施。当职工宿舍遭受直接雷击后，雷电流沿着没有雷电

防护措施的架空线路进入监控机房、绞车房、炸药库等建筑物，从而造成了多处设备损坏。

5.1.5　结论及建议

通过对 2000—2011 年山西省煤矿雷电灾害的统计分析，发现微电子设备是煤矿雷电灾害的重灾区，有 25 起，占煤矿雷电灾害的 42.37%。在微电子设备的雷电灾害中，瓦斯监控有 18 起，大部分监控仪的雷电灾害都是雷电流沿着线路进入矿井导致的。配电设施是煤矿雷电灾害的第二重灾区，共有 13 起，占煤矿雷电灾害的 22.03%。煤矿配电设施遭受的雷击主要来自输电线路遭受的直击雷和感应雷。

煤矿的办公楼建筑主体、炸药库与主、副井提升机房（架）和变电所这些突出地面越高的物体越容易遭受直接雷击；信息系统、供配电系统和炸药库等最容易遭受雷电感应的损害；存在较多线路和电子设备的信息系统、供配电系统与主、副井提升机房容易遭受雷电波侵入。雷击电磁脉冲主要作用于通信系统、瓦斯监控系统和监测系统等信息系统。

阳泉、晋城的煤矿雷电灾害较多，其次为晋中、忻州、长治，不同地区煤矿雷电灾害次数基本上与雷击密度、煤矿数量一致。

5.2　煤矿行业较大危险因素辨识和防范

本节结合了煤矿行业企业的安全特点，针对易发生雷击事故的生产作业场所、环节、部位和作业行为，依据国家与行业法规、标准和技术规范，通过吸取相关事故教训，运用对照经验法、类比法、事故分析法等方法，提出了煤矿行业雷电灾害较大危险因素辨识的主要内容及其防范措施，供有关企业在开展雷电灾害较大危险因素辨识及制订防范措施中参考，供监管部门作为重点执法检查内容参考。

5.2.1　微电子设备

（1）监控中心（包括计算机、外围设备等）

较大危险因素：雷电波侵入或雷击电磁脉冲导致计算机、网络解调器、网卡、路由器、宽带盒等损坏。

易发生的事故类型：触电火灾设备损坏。

主要防范措施：①微电子系统设备机房应选择在建筑物低层中心部位，设备应远离外墙结构柱，机房的金属门窗、建筑结构钢筋、屏蔽网、屏蔽室应与等电位连接母排连接。②微电子系统机房内各种设备的金属外壳、机架、机柜、屏蔽线缆外层、布线桥架、金属线槽、防静电接地、电涌保护器接地等应以最短的距离与等电位母排连接。③强电源线路采用屏蔽线缆，并将屏蔽层两端接地，同时安装电涌保护器。④弱电源线路采用屏蔽线缆，并将屏蔽层两端接地，同时安装电涌保护器。⑤光缆的所有金属接头、金属挡潮层、金属加强芯等应在入户处直接接地。

主要依据：《建筑物防雷设计规范》（GB 50057—2010）、《煤炭工业矿井防雷设计规范》（QX/T 150—2011）、《建筑物电子信息系统防雷技术规范》（GB 50343—2012）。

（2）传感器和执行器（监控仪）

较大危险因素：雷电流沿网络、电力线路侵入时，传感器和执行器（监控仪）受损。雷击煤矿附近产生强磁场，导致传感器和执行器（监控仪）受损。

易发生的事故类型：设备损坏。

主要防范措施:①强电源线路采用屏蔽线缆,并将屏蔽层两端接地,同时安装电涌保护器。②弱电源线路采用屏蔽线缆,并将屏蔽层两端接地,同时安装电涌保护器。③光缆的所有金属接头、金属挡潮层、金属加强芯等应在入户处直接接地。信息电缆不宜和电力电缆敷设在巷道同侧,电力电缆应敷设在信息电缆的下方。

主要依据:《建筑物防雷设计规范》(GB 50057—2010)、《煤炭工业矿井防雷设计规范》(QX/T 150—2011)、《建筑物电子信息系统防雷技术规范》(GB 50343—2012)。

(3)信息传输装置(包括传输接口、分站、传输线、接线盒等)

较大危险因素:雷电波侵入或雷击电磁脉冲导致信息传输装置设备损坏。

易发生的事故类型:设备损坏。

主要防范措施:①用铠装电缆或导线穿钢管配线,配线电缆金属外皮两端,保护管两端均应作屏蔽接地,并在线路端口安装与线路相适配的信号电涌保护器。②光缆的所有金属接头、金属挡潮层、金属加强芯等应在入户处直接接地。

主要依据:《建筑物防雷设计规范》(GB 50057—2010)、《煤炭工业矿井防雷设计规范》(QX/T 150—2011)、《建筑物电子信息系统防雷技术规范》(GB 50343—2012)。

5.2.2 生产设备

(1)进入井下电缆

较大危险因素:直击雷或雷电波侵入煤矿井下,导致瓦斯爆炸。

易发生的事故类型:触电、火灾、瓦斯爆炸。

主要防范措施:①进入井下电缆的金属外皮、接地芯线应和设备的金属外壳连在一起接地。②所有电气设备的保护接地装置和局部接地装置应与主接地装置连在一起形成接地网。③经由地面引入井下的供配电线路应采用中性点不接地的方式,应装设有选择性的单相接地保护装置。④引入井下的线路宜全线采用铠装电缆或护套电缆穿钢管直接埋地敷设。⑤当地面变电所离井口距离相对较远时,架空引入井下的线路应改用铠装电缆埋地敷设。

主要依据:《建筑物电子信息系统防雷技术规范》(GB 50343—2012)。

(2)绞车房

较大危险因素:直击雷或雷电波沿绞车线缆侵入煤矿井下,导致瓦斯爆炸。

易发生的事故类型:火灾、瓦斯爆炸。

主要防范措施:①由地面直接引入、引出矿井的各种管道、构架等长金属物、电缆的金属外层等金属设施应在井口附近与接地装置相连,连接点不应少于两处。②如果是架空进入,则在距离井口 200 m 内每隔 25 m 做一次接地,宜利用金属支架或钢筋混凝土支架的焊接钢筋网作为引下线,其钢筋混凝土基础宜作为接地装置。

主要依据:《建筑物防雷设计规范》(GB 50057—2010)、《建筑物电子信息系统防雷技术规范》(GB 50343—2012)。

(3)接触网

较大危险因素:直击雷或雷电波沿线缆侵入煤矿井下。

易发生的事故类型:火灾、瓦斯爆炸。

主要防范措施:①接触网应在牵引变电所架空馈电线出口及线路上每个独立区段内、接触线与馈电连接处、地面电机车接触线终端、矿井平硐硐口装设避雷器。②接触网的防雷接地装置应与承力索、杆塔、钢轨相连,宜利用杆塔的钢筋混凝土基础。

主要依据:《建筑物防雷设计规范》(GB 50057—2010)。

(4)瓦斯泵站

较大危险因素:直击雷或雷电波沿线缆侵入。

易发生的事故类型:火灾、瓦斯爆炸。

主要防范措施:进出户线路禁止架空引入。

主要依据:《建筑物防雷设计规范》(GB 50057—2010)。

(5)地磅

较大危险因素:雷电流沿网络、电力线路侵入时,地磅微电子设备受损。雷击煤矿附近产生强磁场,导致地磅微电子设备受损。

易发生的事故类型:设备损坏。

主要防范措施:①地磅微电子系统设备机房应选择在建筑物低层中心部位,设备应远离外墙结构柱,机房的金属门窗、建筑结构钢筋、屏蔽网、屏蔽室应与等电位连接母排连接。②地磅微电子设备机房内各种设备的金属外壳、机架、机柜、屏蔽线缆外层、布线桥架、金属线槽、防静电接地、电涌保护器接地等应以最短的距离与等电位母排连接。③强电源线路采用屏蔽线缆,并将屏蔽层两端接地,同时安装电涌保护器。④弱电源线路采用屏蔽线缆,并将屏蔽层两端接地,同时安装电涌保护器。⑤光缆的所有金属接头、金属挡潮层、金属加强芯等应在入户处直接接地。⑥信息电缆和电力电缆敷设距离应大于 50 cm。

主要依据:《建筑物防雷设计规范》(GB 50057—2010)、《建筑物电子信息系统防雷技术规范》(GB 50343—2012)。

5.2.3　电力系统设备

(1)高压架空输电线路

较大危险因素:雷电直接击中架空线或雷电波侵入,导致电源设备受损。

易发生的事故类型:火灾、其他伤害。

主要防范措施:①110 kV 线路一般应全程架设避雷线。②35 kV 线路一般只是在进出变电所的一段线路上装设避雷线,在雷电活动强烈的地区,35 kV 的配电线路宜全线架设避雷线。③全线无避雷线的线路应在进线段 1～2 km 处架设避雷线,在终端和雷电灾害高发的杆塔装设线路避雷器。④6～10 kV 配电线路在入户端应将架空线路改换为金属铠装电缆或护套电缆穿钢管引入,长度不应小于 50 m,在架空线与电缆转换处应装设避雷器。

主要依据:《建筑物防雷设计规范》(GB 50057—2010)、《煤炭工业矿井防雷设计规范》(QX/T 150—2011)。

(2)变压器

较大危险因素:直击雷、雷电波侵入,导致变压器受损。

易发生的事故类型:火灾、其他伤害。

主要防范措施:①架空线连接变压器前转为埋地的金属铠装电缆或穿入埋地的金属管中,屏蔽层两端接地,埋地的长度应大于 15 m。②变压器尽量安装在接闪器的保护范围内。③变压器的高、低压两侧分别装设相应等级的避雷器,避雷器装设位置应尽量靠近变压器,其接地点应与变压器的金属外壳及低压侧中性点连在一起,之后接地。

主要依据:《建筑物防雷设计规范》(GB 50057—2010)。

(3)发电机

较大危险因素:直击雷、雷电波侵入,导致发电机受损。

易发生的事故类型:其他伤害。

主要防范措施:①发电机连接线应采用金属铠装电缆或穿入埋地的金属管中,屏蔽层两端接地。②发电机应安装在接闪器的保护范围内。

主要依据:《建筑物防雷设计规范》(GB 50057—2010)。

(4)总进线配电柜

较大危险因素:雷电波侵入,导致配电柜起火或传导至设备处,导致设备损坏。

易发生的事故类型:火灾、其他伤害。

主要防范措施:①电源线应采用埋地的金属铠装电缆或穿入埋地的金属管中,屏蔽层两端接地。②电源总进线处安装Ⅰ级试验电涌保护器,且雷电脉冲电流≥12.5 kA。③总进线柜应远离储油、加油设备。

主要依据:《建筑物防雷设计规范》(GB 50057—2010)。

(5)电涌保护器

较大危险因素:电涌保护器被雷电流击穿,导致短路或起火,或因电涌保护器电压保护水平高于设备耐受值,导致设备损坏。

易发生的事故类型:火灾、其他伤害。

主要防范措施:①选择经过质量检验合格的电涌保护器。②为保证系统遭受过电压时,前级保护优先后级保护起作用,应使前后级的安装距离大于10～15 m,否则在其间串联协调电感。③电涌保护器的连接线的截面积一般第一级应大于10 m^2(多股铜线),第二级应大于6 m^2(多股铜线)。当电涌保护器制造商有规定时,可按其规定选择。④电涌保护器电压保护水平不能高于保护设备耐受值。

主要依据:《建筑物防雷设计规范》(GB 50057—2010)。

5.2.4 建筑物

(1)办公楼

较大危险因素:直击雷导致办公楼受损。引下线导致人员跨步电压伤害及接触触电。

易发生的事故类型:其他伤害、触电。

主要防范措施:①办公楼防雷接地应与其他接地装置共用,其接地电阻值不应大于4 Ω。②办公楼顶部应敷设接闪带,当长与宽>10 m时,应敷设10 m×10 m或12 m×8 m的避雷网格。③应设置间距不大于18 m的引下线。④引下线3 m范围内地表层的电阻率≥50 kΩ·m,或敷设5 cm厚沥青层或15 cm厚砾石层;外露引下线,其距地面2.7 m以下的导体用耐1.2/50 μs冲击电压100 kV的绝缘层隔离,或用至少3 mm厚的交联聚乙烯层隔离;用护栏、警告牌使接触引下线的可能性降至最低限度。

主要依据:《建筑物防雷设计规范》(GB 50057—2010)。

(2)接闪塔

较大危险因素:直击雷导致接闪塔附近人员跨步电压伤害及接触触电。

易发生的事故类型:其他伤害、触电。

主要防范措施:①接闪塔3 m范围内地表层的电阻率≥50 kΩ·m,或敷设5 cm厚沥青层或15 cm厚砾石层;外露引下线,其距地面2.7 m以下的导体用耐1.2/50 μs冲击电压100 kV

的绝缘层隔离，或用至少3 mm厚的交联聚乙烯层隔离。②用护栏、警告牌使接触引下线的可能性降至最低限度。

主要依据：《建筑物防雷设计规范》(GB 50057—2010)。

(3)进出厂区的金属管道

较大危险因素：雷电波侵入，导致配电柜起火或传导至设备处，导致设备损坏。

易发生的事故类型：火灾、其他伤害。

主要防范措施：①进出环形接地装置的金属管道、电缆金属外皮、导线保护管均应与接地装置做等电位连接。②管道法兰的连接螺栓少于5根时，法兰必须用金属导线跨接。

主要依据：《建筑物防雷设计规范》(GB 50057—2010)。

(4)突出屋面的金属物

较大危险因素：直击雷导致突出屋面金属物受损。

易发生的事故类型：其他伤害。

主要防范措施：①突出屋面的金属物应与防雷装置做可靠等电位连接。②突出屋面的金属物宜安装在接闪器的保护范围内。

主要依据：《建筑物防雷设计规范》(GB 50057—2010)。

5.3 煤矿防雷设施检测

5.3.1 煤矿防雷设施及分类

《建筑物防雷设计规范》(2010版)建筑物的分类原则规定，雷管炸药库划分为一类防雷建筑物，瓦斯抽放站、通风系统划分为二类建筑物，地面变电所、井下变电所(中央变电所、采区变电所)、地面储装运系统(煤仓、煤运通道等)、监测监控机房、充电房、澡堂、办公楼、机修厂、锅炉房、空压泵房等划分为三类建筑物。

5.3.2 检测要求

根据《气象灾害防御条例》与《山西省气象部门防雷行政管理办法》等相关法律法规规定，开展防雷检测工作需要取得气象主管机构颁发的防雷检测资质，二类及二类以上建筑物由甲级资质企业检测，三类建筑物由乙级或甲级资质企业开展检测。

5.3.3 现场检查与检测

确保防雷设施检测的顺利开展，首先需明确雷电对设备的破坏作用和防雷器件的工作原理，其次是防雷设施的种类和各种线路走向。雷电主要分直击雷和间接雷，直击雷是指雷电击在物体上，产生热效应、机械效应、电效应，对被雷击建筑物和线路造成巨大的破坏。间接雷破坏作用主要是雷电波侵入和雷电感应(电磁感应和静电感应)，雷云放电或接闪针接闪时，附近的空间有强大的电磁场，处在此空间的金属设施和线路会感应出较大电动势，瞬间雷电流沿着线路入侵屋内，导致设备火灾、系统瘫痪甚至危及人身安全。以下建筑物从直击雷和间接雷防护两方面开展检测。

(1)雷管炸药库，一般选在山坳中，四周尽量有山体屏障，远离煤矿主产区居民区。库区内设：炸药库、雷管库、视频监控系统、报警系统、围墙电子围栏、消防水池；库区外设监控值班室，值班室电源、信号线路通常采用架空线引入。主要从以下几个方面展开：①库区建筑物采取安装接闪针进行直击雷防护，首次检测时，应计算接闪器保护范围。②接闪针应为独立接地装置,测试独立接地装置与其他接地装置距离。③各仓库接闪带(部分仓库有)金属窗户、门、静电球和监控室金属设备等接地情况。④库区围墙防盗电子围栏、监控系统和监控室电源进线、信号进线安装电涌保护器情况。⑤值班室与库区来往线路应穿钢管埋地引入,钢管两端应接地处理。⑥用接地电阻测试仪测试各防雷装置的接地阻值,独立接闪针接地阻值应≤10 Ω,其他接地装置接地阻值应≤4 Ω。另外,部分企业因监控室设备较少,大部分单位仅为一根钢筋插进土壤中作为接地措施,这种措施不正确。

(2)瓦斯抽放站,通常有泵房,供电系统、电控设备(设备均为防爆设备)、供水系统及软化水装置、放散管。检测内容包括以下几方面:①放散管通常采用接闪线进行直击雷保护,测量接闪线与放散管管口的距离,计算放散管是否能得到有效保护。②接闪针应为独立接地装置,测试独立接地装置与其他接地装置距离。③厂房接闪带的安装位置、安装工艺是否能有效保护本建筑物,引下线数量间距应≤18 m。④厂房内供电设备、水泵设备、线缆桥架的接地情况。⑤高压线引入时,变压器前端入户铠装线缆埋地长度应≥15 m,架空线与铠装线缆转换接头处应加装避雷器,变压器后端应安装Ⅰ级试验电涌保护器,铠装线路两端以及避雷器应采取接地处理。⑥用接地电阻测试仪测试各防雷装置的接地阻值,独立接闪针接地阻值应≤10 Ω,其他接地装置接地阻值应≤4 Ω。

(3)通风系统,由风机配电室、风扇、风扇罩和防火门等组成,主要作用为促进井下新鲜空气的流通,从而减小瓦斯的含量,出口处瓦斯浓度在0.75%以下,粉尘浓度在10 mg/m^{3}以下。检测内容包括以下几方面:①配电室变压器前端入户铠装线缆埋地长度应≥15 m,架空线与铠装线缆转换接头处应加装避雷器,变压器后端应安装Ⅰ级试验电涌保护器,铠装线路两端以及避雷器应采取接地处理。②配电室应设置均压环,确保各配电柜、设备柜应等电位连接并接地。③配电室和风扇之间的电源线、信号线应穿金属管接地处理。④风扇口鉴于瓦斯和粉尘的浓度在正常情况下均达不到爆炸的条件,可不装接闪器,但风扇外壳应不少于两处接地处理。⑤用接地电阻测试仪测试防雷装置的接地阻值,接地阻值应≤4 Ω。

(4)主井,通常与地面储装运系统连在一起,主要作用是提升煤炭,通过皮带将煤炭从主井运出,通过传输系统运往煤仓、洗煤厂等地方。检测内容包括以下几方面:①筒仓屋面接闪带安装情况,安装工艺,是否有锈蚀情况,接闪带与引下线连接处是否存在虚焊或断裂现象。②引下线截面积是否符合规范,间距是否≤25 m,间距是否均匀。③煤炭运输系统彩钢板构架是否接地处理,接地应每隔25 m一次。④储装运系统在变压器后端出线柜内加装二级试验电涌保护器。⑤用接地电阻测试仪测量防雷装置的接地阻值,接地阻值应≤4 Ω。

(5)副井,主要作用是上下人、进风下放材料及提矸石、敷设管线。电源线路、排水管道通常由主井口两侧引入,中间铺有铁轨。检测内容包括以下几方面:①电源线路通常穿钢管敷设,钢管及水管应在进口处做接地处理,穿管间距小于100 mm时,应采用金属线或镀锌扁钢跨接处理,跨接间距不应大于30 m。②因轨道在距离井口处5 m以外串入绝缘轨段,轨道接地分为井口外、井口内接地装置,井口内接地装置距井口不应小于3 m,在远离井口轨道绝缘段200 m处应重复接地处理,当轨道长度不达200 m时,在轨道末端进行重复接地处理,应对绝缘段两侧的铁轨分别进行接地电阻的测试。③用接地电阻测试仪测量防雷装置的接地阻值,接地阻值应≤4 Ω。

(6)监测监控机房,主要有电源柜、数据服务器、不间断电源(UPS)、大屏显示设备、监控系统、报警系统及传输线缆等,值班人员实时远程监测井下各种参数,确保煤矿和煤矿工人安全。

检测内容包括以下几方面：①机房内应采取屏蔽处理，屏蔽效率确保系统的稳定运行。②机房内设备应采用共用接地装置。③检查其等电位网络的结构，是否可确保信息系统稳定运行。④电源柜、设备柜、显示屏机架等金属设施是否采取良好的接地处理，接地线截面是否符合规范要求。⑤在电源的进线柜内应加装二级试验电涌保护器，在弱电设备前加装三级电涌保护器。⑥传输信号的光纤加强芯应在接线盒处接地处理。⑦传输信号的金属线缆应在进户处加装适配的信号电涌保护器。⑧用接地电阻测试仪测量接地装置的接地阻值，接地阻值应≤4 Ω。

(7)地面变电所，主要作用是为井上所有用电场所供电，通常为 TN 系统。检测内容包括以下几方面：①直击雷通常采取接闪针防护，计算接闪针的保护范围。②高压线缆入户处应安装高压避雷器，防止雷电波涌入室内。③变电所均压环与接地装置应至少两处连接。④电源柜、设备柜等金属设施是否采取等电位和接地处理，接地线截面是否符合规范要求。⑤在变压器后端出线柜安装 I 级电涌保护器。⑥用大地网接地电阻测试仪测量其接地电阻，接地阻值≤4 Ω。

(8)井下变电所及其他设备，中央变电所和采取变电所由电缆线路供电，电压小于 6000 V，因井下环境复杂性，变压器采用 IT 接地系统。检测内容包括以下几方面：①线缆屏蔽层应在井口和变压器处接地处理，距离较长时在线路中段屏蔽层增加接地。②变压器后端加装适配的电涌保护器，检查电涌保护器型号选择和安装方式是否正确。③主排水系统通常设置在井下，紧邻中央变电所电源由井下变电所供电，若受雷电影响较小，排水设备接地即可。

(9)充电区与澡堂，通常澡堂与充电区相邻。检测内容包括以下几方面：①充电区电源的进线柜内应加装二级试验电涌保护器，SPD 参数及安装工艺是否符合规范要求。②澡堂内应设置局部等电位端子，确保澡堂内金属设施接地处理。③用接地电阻测试仪测量接地装置的接地阻值，接地阻值应≤4 Ω。

(10)办公楼、机修厂、锅炉房、空压泵房。检测内容包括以下几方面：①屋面采用接闪带进行直击雷防护，检查接闪带的安装位置、安装工艺，引下线数量间距应≤18 m。②各建筑物进线柜内应加装 I 级试验电涌保护器，SPD 参数及安装工艺是否符合规范要求。③对于屋面装设彩灯的建筑物，彩灯在屋面应穿钢管敷设引至屋内，钢管两端应接地处理，配电柜内加装二级电涌保护器。

5.3.4　结论

防雷检测是确保煤矿防雷装置安全生产的重要防线，应高度重视检测内容的全面性、检测行为的规范性，提高检测理论基础与业务能力，促进防雷装置规范安装和平稳运行，切实消除煤矿企业的雷击隐患，减少和遏制雷击事故的发生。

第6章　森林雷电灾害防御

6.1　森林多源气象资料在森林雷击火辨识中的应用

6.1.1　引言

森林火灾的起火原因可分为人为火源和自然火源。其中,自然火源主要为雷击火、火山爆发、泥炭发酵自燃、地表植被物堆积发酵自燃等。起火原因判定历来是森林火灾事故调查的重点和难点,特别是有天气过程存在时,如何准确判定是自然火源还是人为火源,一直是研究关注的课题。因此,科学合理地调查森林火灾事故,对准确确定火灾事故起因具有非常重要的意义。

我国自然火源以雷击火为主,主要发生在黑龙江大兴安岭地区、内蒙古呼伦贝尔市、新疆阿尔泰山脉地区以及西南部分区域,其中大兴安岭地区1966—2006年发生的森林雷击火灾事故占森林火灾总数的1/3以上,且呈上升态势。在气候变化大背景下,加强火源管控,使人为森林火灾明显减少,而雷击森林火灾的比例相应上升。近年来,我国发生的重特大森林火灾中,由雷击引发的火灾所占比例由原先的不足5%上升到60%以上。同时,温室效应导致雷电活动逐步增多,许多少雷区变为多雷区,未来雷击森林火灾形势越来越严峻。雷击虽然是引发森林火灾的一大原因,但是开展森林火灾事故调查时应科学合理,不要让雷击灾害成为逃避责任的避风港。如四川省凉山州西昌市“3·30”森林火灾事故,起先认定是雷击火导致的,随后根据详细调查分析,认定是一起受特定风力风向作用导致电力故障引发的森林火灾。

雷击引起森林火灾的原因主要是雷暴,特别是干雷暴,降水少、地面增温、相对湿度较低、可燃物干燥、风力较大,一旦发生雷击,很容易着火并蔓延成灾。杜野(2019)根据内蒙古北部原始林区森林公安局查办的雷击火案例,分析了森林火灾中雷击火的相关判定依据,认为在雷击森林火灾调查中需要结合气象资料、现场环境以及对雷击特点与规律的综合分析。杨淑香等(2020)从雷击火与云地闪的关系、雷击火的发生环境及其与干旱和气象条件的关系方面总结出雷击火主要发生在火险比较高、闪电活动频繁且无有效降雨的区域。

气象因子是影响雷击火发生各因子中变化最快的,利用气象因子进行雷击森林火险预报研究在国内外已广泛开展。雷小丽等(2012)分析了大兴安岭地区森林雷击火与闪电的关系,发现雷击火与闪电次数呈正相关,并据此发展了基于闪电定位数据的火险指数算法。王晓红等(2014)利用2005—2011年5—10月黑龙江大兴安岭地区的雷击火灾、闪电定位数据和其他气象数据,建立了该地区雷击火预报的二项Logistic回归模型,通过检验模型预测效果较理想。郭福涛等(2010)基于负二项和零膨胀负二项两种回归模型对大兴安岭地区1980—2005年雷击火发生与气象因素的关系进行建模分析,提出了大兴安岭地区林火发生与气象因子关系的最优模型。由于不同地区气象、闪电、可燃物等条件相差很大,因此,大尺度的研究雷击火发生模型是不可行的。只有通过研究本地区的雷击火灾发生条件建立雷击火预测模型才是现实的。

综上所述，气象资料在雷击森林火灾认定和雷击森林火险预警模型建立方面都有着非常重要的作用。本节主要根据山西省沁源县“6 · 5”森林火灾事故，利用多源气象资料详细分析此次事故原因，并分析此次雷击森林火灾中的气象要素演变特征，以期为雷击火预测模型的建立、森林雷击火灾的风险评估区划等工作提供参考依据。

6.1.2 数据资料来源

考虑到大部分森林火灾发生在原始森林里，交通不便，人员稀少，自动气象站不能实现有效覆盖。因此，气象要素数据使用的是欧洲中期天气预报中心（ECMWF）的第 5 代再分析资料（ERA5）小时数据，空间分辨率为 0.1°×0.1°；闪电数据来源于山西省气象局闪电监测定位系统（ADTD），能够实时提供闪电发生时间、地理位置、雷电流强度等；卫星资料来源于风云四号卫星监测的热源点（FHS）检测数据产品；雷达资料来源于长治市雷达站。

6.1.3 事故背景及现场勘查情况

2020 年 6 月 5 日下午，山西省长治市沁源县交口乡发生森林火灾事故，市政府成立沁源县“6 · 5”森林火灾灾后调查评估组。16 时 48 分村民发现南洪林村山背后冒烟，判断可能着火，随后报警。根据事故区域附近村民介绍，6 月 5 日中午开始，事发地乌云密布，且一直有雷声，当日气温较高，有风、有降水但雨量不大。调查评估组通过现场勘查，事故区域土地利用类型主要是林地，起火树种主要是油松，燃烧后的草木灰深可没足，附近未燃烧区域的油松腐殖层较厚，属于易燃区域。周围无开垦种植情况，林内无工程施工痕迹，无“电猫”、铁圈、弹壳等狩猎痕迹，无高压线路及用电设施，地貌陡峭且非景区，人员到达非常困难。火场内有 3 处树皮明显剥落，图 6.1 给出南洪林村 1 处和信义村 2 处，符合雷击树木的表现。调查评估组可以确定的 1 处起火点，位于交口乡信义村段家沟西岭上（112.43°E、36.58°N），图 6.2 给出了从天地图中提取的事故点周边地形。

图 6.1 南洪林村（a）和信义村（b）火场内树皮剥落

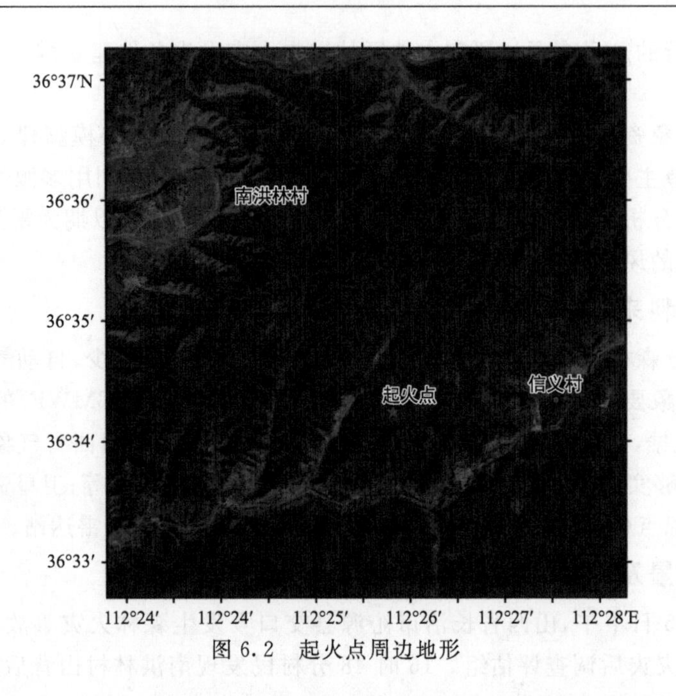

图 6.2　起火点周边地形

6.1.4　结果分析

6.1.4.1　天气背景

2020 年 6 月 5 日 14 时，500 hPa 亚欧中高纬为两槽一脊的环流形势，山西南部处于高空槽后的西北气流影响之下，着火点及其附近出现相对湿度 60%～80% 的高值区；对应 700 hPa 山西东南部主要受西南气流影响，整体表现为辐散下沉运动(图略)，而 850 hPa 山西东南部存在东南风和西南风的风向辐合以及风速辐合(图略)，表明存在一定的动力抬升条件，但上升运动伸展高度整体较低；从温度场(图略)来看，中低层均处于河套附近的暖区控制中，湿度条件都比较差；对应地面，内蒙古中西部有低压发展，山西南部处于其前部，有利于午后升温，热力条件较好。综合来看，山西南部存在对流性天气的可能性，且以热力对流为主。另外，山西南部存在 K 指数大于 25 ℃的区域，这也进一步说明局地有对流性天气的可能性。

6.1.4.2　雷达监测情况

根据 2020 年 6 月 5 日午后长治站雷达组合反射率因子的演变情况(图略)，可以看出，13 时 53 分沁源北部出现对流单体，回波强度开始超过 35 dBZ，之后逐渐向东南方向移动，14 时 38 分回波强度缓慢增强至 50 dBZ 左右，之后在该回波强度逐渐减弱的同时，沁源中部偏东的地区开始出现超过 35 dBZ 的回波发展，且强度逐渐增强，范围逐渐扩大，15 时 46 分最强回波达到 50 dBZ，着火点正好位于较强回波的边缘，16 时 05 分该回波东移出沁源。

6.1.4.3　闪电监测情况

图 6.3 为 2020 年 6 月 5 日事故点周围 10 km 内的闪电频次空间分布。可以发现，15—16 时有两次闪电发生，其中一次闪电距离起火点只有 430 m，并且此次闪电为正极性地闪，发生时间为 6 月 5 日 15 时 39 分，电流强度 42.2 kA，电流陡度 7.9 kA/μs，采用四站算法定位，定位精度较高。长时间连续放电是能够引燃可燃物的云地闪电所具有的重要特征，负地闪伴随长时间连续放电的概率约为 20%，而正地闪约为 85%。综上，此次闪电事件在时间、空间闪电

极性上均能较好地解释此次火灾事故。

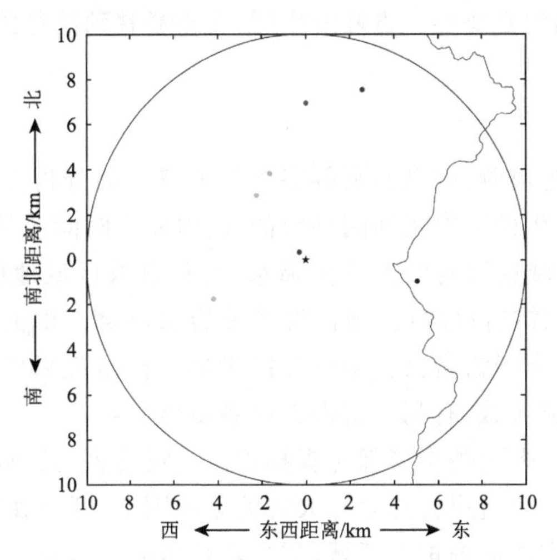

图 6.3　6月5日事故点周围 10 km 闪电频次空间分布

（⋆为雷击事故点，·为闪电分布点）

根据 15 时 30 分、15 时 36 分、15 时 42 分雷达组合反射率因子与对应体扫内的闪电频次叠加(图略)，可以看出，事故区域处于对流云边缘，闪电发生时刻对流云团正处于发展旺盛阶段，但雷击点并未处于对流云团强回波区域。这和以往的认知有所差别，这种情况可能是此次闪电起始于弱回波区域，更大可能是闪电起始于强回波区域，通过在云层中水平发展，最后雷击点落到弱回波区域，类似于“晴空霹雳”的现象，这种情况在雷击森林火灾调查时也是需要注意的。

6.1.4.4　气象因子

雷击火灾前提是地表有干燥的可燃物，因此提取了事故前 3 d 的降水和气温资料，6 月 2 日在事故区域累计降水量 18.0 mm 左右，平均气温 19.0 ℃，3—4 日没有降水，3 日和 4 日平均气温分别为 21 ℃和 23 ℃。根据事故发生当日 12—17 时各时段地面气温空间分布(图略)，可以看出，火灾发生之前事故区域地面气温在 30～33 ℃，天气较为干燥，地表干燥度较高，当存在雷击火源后，地面腐殖质容易燃烧。

雷击火发生时的降水是雷击火发展最重要的限制因素，一般把降水量小于 2.5 mm 的雷暴过程定义为干雷暴。干雷暴是一种形成于大气对流层的特殊天气过程，它可以在没有明显降水的情况下产生云地闪电，是引发森林雷击火的重要原因。根据事故发生当日 12—17 时的小时降水量(图略)，闪电发生时段(15—16 时)事故区域降水量小于 0.1 mm，随后一个时段内的降水量也小于 0.1 mm，长时间较小的降水量非常有利于雷击火的发展。

根据 6 月 5 日 12—17 时小时 10 m 风速空间分布(图略)，可以看出，事故发生前后在事故区域都有微风，根据黑龙江省对大兴安岭雷击火灾的调查，发现雷击森林火灾具有延迟性，被击燃烧物会经过一段时间的隐藏式缓慢燃烧，形成火势后引燃周围可燃物。这个隐藏式缓慢燃烧时间为 1～48 h，个别的甚至超过一周。此次事故区域的微风可能更有利于隐藏式缓慢燃烧这段过程。

此外，风云四号卫星监测到此次火灾的时间是 6 月 5 日 20 时 30 分左右，而 16 时 48 分就有村民发现南洪林村山背后冒烟，说明卫星资料对火情的初期监测有延迟性，同时，也从侧面说明开展人工瞭望塔监测的必要性。雷暴发生后，在雷暴移动路径的区域开展监测瞭望，争取早发现、早出动、早扑救。

6.1.5 讨论与结论

通过对天气形势、雷达监测、闪电监测等多源气象资料的分析发现，此次森林火灾是由弱的局地对流性单体发展产生的一次正地闪导致的，闪电发生时间 6 月 5 日 15 时 39 分，电流强度 42.2 kA。前期事故区域连续两天未发生降水，当日事故区域地面增温明显，温度在 30～33 ℃，天气较为干燥，存在雷击火源后，地面腐殖质容易燃烧。雷击点处于对流云边缘，所在区域降水量较小，微风，有利于雷击火初始阶段的发展。雷击起火树种主要是油松，起火区域油松腐殖层较厚，属于易燃区域，有利于雷击火火势蔓延。

闪电、降水量、气温、可燃物类型等都是森林雷击火灾的重要影响因子，在加强森林雷击火预测预报工作外，还应该结合造成雷击森林火灾的主要因素，开展森林雷击火灾的风险评估区划工作，确定森林雷击火灾防御的重点区域，减少森林防火工作的盲目性。

6.2 森林雷击火灾风险评估与区划

森林雷击火灾是指由雷电直接或间接引燃而形成的灾害，雷击火是引发森林火灾最为重要的自然诱因。在全球气候变化与人为因素加强管控的背景下，森林雷击火灾占据火灾的比例相应上升。据我国应急管理部 2019 年数据统计，全球每年平均森林雷击火灾频数达到 5 万次，加拿大的雷击火灾占森林火灾总次数的 76%，美国西部山区约占 68%。近年来，我国发生的重大森林火灾中，由雷击引发的占比由原先的不足 5%上升到 60%以上。雷击火灾具有随机性、隐蔽性和并发性的特点。雷击引起的森林火灾通常发生在交通不便利的偏远原始林区，一旦酿成火灾后很难及时发现，往往会形成大面积的森林火灾，对林木乃至生态环境造成破坏，甚至对人类的生命、房屋和经济带来巨大损毁。森林雷击火灾的形成机制十分复杂，其发生的条件通常由雷电因素（致灾因子）、可燃物和气象条件等（承灾体、孕灾环境）主导。由于雷击火灾难以防范且影响深远，学术界对雷击火灾进行了大量研究，试图揭示雷击火灾发生的机理，以期降低其造成的负面影响。

国内外学者对森林雷击火灾的主要研究问题包括雷击火灾的影响因素、形成机理和监测预防。Krawchuk 等(2006)、Podur 等(2003)和苏漳文(2020)的研究主要涉及气候因素（云地闪形成的天气条件、累计降水量和日平均气温等）、生物因素（植被覆盖率、林分组成、林分郁闭度、林下可燃物湿度与积累等）对加拿大阿尔伯塔省、安大略省和我国大兴安岭等地区森林雷击火灾的影响；Duncan 等(2010)、田晓瑞等(2012)主要对佛罗里达州东北部、我国大兴安岭雷击火灾发生条件和时空分布等作用机理进行探究。Kilinc 等(2007)根据电流极性的差异研究云地闪分布的规律，采用近似数值法求定积分，得到雷击火灾引燃的边缘概率，以期提升火灾监控的精度；于建龙(2010)采用林火天气指数方法得到大兴安岭地区的火险天气指数和火险等级划分方法，并采用 ArcGIS 中的核密度估计方法得到了森林雷击火灾发生的空间连续分布，提供一套森林雷击火灾的预测模型；高永刚等(2010)认定云地闪火源、林型分布和气象条件相关因素等对森林雷击火灾有重要影响，建立了森林雷击火灾综合指标模型并采用实证反映了这些因素的影响，为森林雷击火灾危险程度的综合监测预警提供了依据。上述研究均意识到:关于森林雷击火灾监测防控的研究,仅对火灾发生因子的概率与精度进行研究与提升仍不足以有效管控其损失与风险;且雷电相关多数靠实验室模拟获取关键数据,短时间内无法突破现有技术的桎梏;基于灾害发生的时空分布进行区域风险等级的评估与划分可于宏观层面上提升防控效率,是亟待研究的课题。

我国森林雷击火灾发生比例不高(占我国灾害的 1%～2%),但雷击火灾集中发生在大兴安岭等部分地区。近年来,由于受全球变暖及气候异常现象的影响,我国北方地区普遍降水减少、温度升高,表现出明显的暖干化趋势,与 2000 年以前的雷击火灾相比,2000 年后雷击火灾发生频率和损失有明显增强趋势。山西省地处华北区域,地形复杂且普遍干旱,雷电引发森林火灾的概率风险较大。据山西气象局数据统计,2005—2014 年的森林火灾统计中,雷击火灾发生 39 次,本节探讨了森林雷击火灾的驱动因素与发生机理,建立了一套综合致灾因子和承灾体的指标测度体系;以山西省为实证区,评估雷击火灾风险水平并划定不同区域风险等级。尝试厘清灾害的影响因子与驱动机理,实证研究可为山西省政府林火管理、增强应急管理与防灾减灾体系提供决策参考。

6.2.1　森林雷击火灾影响因素

森林的燃烧需要有一定的火环境,干旱状况、雷暴天气、可燃物和地形构成了雷击火灾发生的火环境。雷击火灾是雷暴形成的闪电接触地面与具备燃烧条件的可燃物接触而发生的火灾,雷击火灾的引燃与落雷的数量、可燃物干燥程度以及气象条件等密切相关,火灾分布与雷暴系统路径、植被状况和地形特性无法分割。因此,可从致灾因子(干雷暴)、承灾体(地理、气象)等因素厘清雷击火灾的形成路径(图 6.4)。

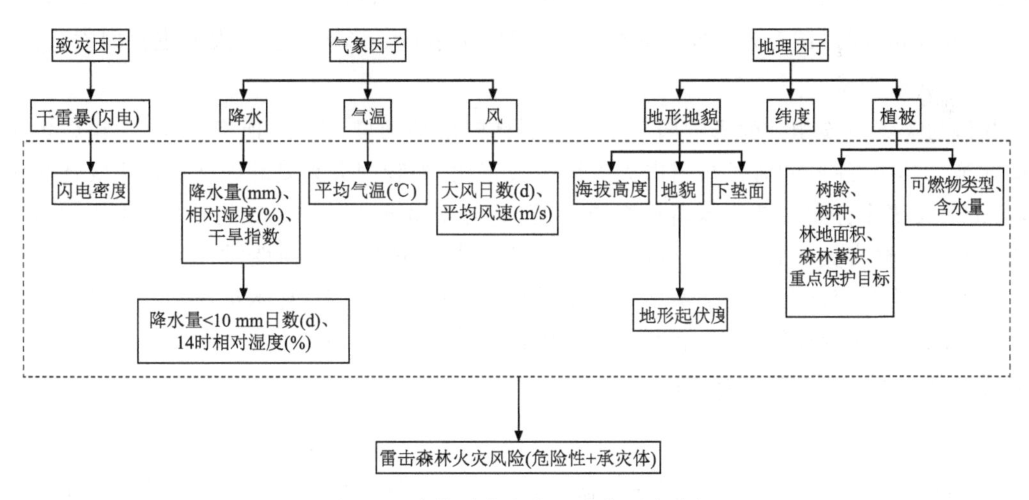

图 6.4　森林雷击火灾风险的因素分析

6.2.1.1　雷电因素

雷击火灾的初始能量来源与雷暴的活动密切相连。森林雷击火灾的致灾因子主要是雷电因素,而雷暴包括地方性雷暴和锋面雷暴。地方性雷暴是由于地形作用,只局限于一定的区域;锋面雷暴是由于冷气团的作用,暖气团抬高形成的雷暴,能在锋面上几处同时发生。干雷暴是降雨少并且相对湿度低的一种雷暴类型,在可燃物干燥情况下,其造成火灾风险程度高。

雷击属于直流电击，电流强度一般在 20000 A 以上，特殊情况下可达 40000 A。

6.2.1.2　森林因素

雷击火灾通常发生在人烟稀少、交通不便利的边远原始林区。森林既为火灾发生提供可燃物，也是风险的承灾体。森林或植被类型是雷击火灾发生的重要因素，其主要考虑包含可燃物(类型或含水量)、树木(树龄、树种)和森林(林地面积、森林蓄积和重点保护对象)等因子。不同类型的可燃物包括林木、植被和土壤等，其差异也会导致含水量的不同，通常含水量低的可燃物更易被引燃发生火灾；树木是林区的主要组成部分，树龄和树种都是发生雷击火灾的重要因素，如研究证实，大兴安岭地区有 71.9%雷击火灾发生于针叶落叶林，偃松林由于含有丰富油脂导致其常受到雷击火灾的破坏；而林地面积、森林蓄积和重点保护目标对火灾的蔓延速度、灾中扑救和灾后损失产生影响。

6.2.1.3　气象因素

影响雷击火灾的气象因子主要有气温、降水量和风速。其中，气温的高低影响到可燃物的温度高低，而含水量的高低与可燃物的温度呈负相关；空气温度高时，可燃物温度上升，则水分易蒸发，从而减少含水量，因而易燃，使火灾蔓延。相对湿度直接影响可燃物的干湿度，从而影响其易燃程度。风速对雷击火灾产生机制没有明显影响，但风速可加快可燃物水分蒸发，助长火灾的发展和蔓延；风还能增加飞火的数量，扩大火场并增加灭火难度。降水量直接关系到可燃物含水量的多少，并对火灾的蔓延有良好的控制作用。降水量、相对湿度与火灾风险普遍具有负相关关系，而干旱程度严重的地区，其雷击火灾发生频率也相应提升。其中，降水量是雷击火灾最主要的影响因子。如大兴安岭地区月平均气温与雷击火灾发生数量呈正相关，月降水量距平值与雷击火灾数量呈负相关；当年降水量在 600 mm 以上时，雷击火灾较少；降水量在 350～580 mm 时，雷击火灾发生频数较多，表明降水量是影响雷击火灾的主要因素。

6.2.1.4　其他因素

其他与灾害风险相关的影响因子主要包括林区所处纬度、海拔、地形、植被和相应灾害管理措施等。其中，纬度和海拔与雷击火灾风险成正比，如我国大兴安岭地区雷击火灾历史灾情中，雷击火灾诸多分布在纬度越高且交通不便(地处 800 m 以上山脉)的林区；森林雷击火灾与地面因子同样有关，Taylor(1974)指出，落雷对于地面环境有选择性，如山地林区相较草原、农耕区多，结构紧密又湿润的土壤地带比干燥且疏松的沙土地多；林木植被和灾害扑救也是影响损失或风险的重要原因，错过有利扑救时机往往形成更大火灾，造成林区严重损失。

6.2.2　研究方法与数据来源

6.2.2.1　研究方法

森林雷击火灾风险影响因素主要包括致灾因子、气象因子和地理因子，本研究对山西省进行风险评估并据此划分等级区域。综合考虑雷击火灾的复杂性与地域的实际情况，构建相应评估指标体系，评估要素从致灾因子、气象因子和地理因子出发，具体的评估指标见表 6.1。指标权重运用层次分析法确定；对评估指标原始数据进行等级赋值，分级标准考虑绝对大小和相对差异，按照风险等级“无、低、中、高、极高”分别赋值“0、1、2、3、4”。最终雷击火灾风险计算公式为：

$$R=\sum_{i=1}^{k}(Q_i \times W_i) \tag{6.1}$$

式中，R 为雷电灾害易损指数，用以表征灾害风险，Q_i 为评价指标值，W_i 为对应因子权重。k 代表因子数量。

表 6.1　风险评估指标权重与分级标准

影响因素	评价指标	权重	分级标准		
			分级标准	赋值	风险等级
致灾因子	近 5 年闪电密度/(次/(km^2 · a))	0.4	0.0	0	无
			0.1～1.0	1	低
			1.1～2.0	2	中
			2.1～4.0	3	高
			＞4.0	4	极高
气象因子	平均气温/℃	0.1	＜18	1	低
			18～23	2	中
			24～28	3	高
			＞28	4	极高
	平均相对湿度/%	0.1	＞80	1	低
			45～80	2	中
			20～44	3	高
			＜20	4	极高
	平均风速/(m/s)	0.1	0	0	无
			0.1～1.0	1	低
			1.1～1.5	2	中
			1.6～5.0	3	高
			＞5.0	4	极高
	日平均降水量/mm	0.1	＞8.0	0	无
			5.1～8.0	1	低
			2.1～5.0	2	中
			1.0～2.0	3	高
			＜1.0	4	极高
地理因子	海拔高度/m	0.2	＜500 或＞1000	2	中
			500～800	3	高
			801～1000	4	极高

6.2.2.2　数据来源

本研究将山西省作为实证区域，山西省属于温带大陆性季风气候，大部分地区海拔在 1000 m 以上，共有森林面积 36350 km^2，曾多次发生雷击森林火灾；截至 2021 年，全省共建成自然保护区 46 个，其中，国家级 8 个，省级 38 个。近 5 年闪电观测数据来源于山西省 ADTD，时段为 2016—2020 年；月度气象因子和海拔数据来源于中国地面气候资料年值数据集山西省气象局 28 个气象站（右玉、大同、天镇、河曲、朔州、五台山、灵丘、五寨、兴县、原平、平定、离石、太原、太谷、阳泉、榆社、隰县、吉县、介休、临汾、安泽、长治、襄垣、运城、侯马、垣曲、阳城、永济),时段为1960—2017年。

6.2.3 结果分析

6.2.3.1 风险评估等级与特征

山西省森林雷击火灾风险等级与对应主要区域见表6.2,风险等级越高,代表该区域雷击火灾发生概率与可能损失越大。风险水平为极高、高、中、低等级的林区空间区域面积分别有3570 km^2、9090 km^2、11500 km^2、12190 km^2;其中,极高与高风险区域面积分别占全省森林面积的25.01%和9.82%,中风险和低风险等级区域分别占31.64%和33.53%,不存在无风险区域。截至2021年,山西省森林覆盖率已超过全国平均水平,达到23.57%。综合计算,雷击火灾高风险及以上风险等级林区占全省面积的8.21%,部分区域森林雷击火灾的防治需得到应急管理部门的重视。

表6.2 山西省森林雷击火灾风险等级与区域划分

风险等级	空间面积/km^2	占比/%	主要区域
低	12190	33.54	大同市灵丘县大部分地区、广灵县南部、浑源县东部,忻州市繁峙县、五台县东部,吕梁市石楼县西南部,晋中市左权县东部,长治市平顺县、壶关县东部、长子县西南部,临汾市永和县北部、安泽县东南部,晋城市沁水县北部、陵川县东部
中	11500	31.64	大同市阳高县南部、广灵县、浑源县一带,朔州市应县、山阴县南部,忻州市宁武县、岢岚县、保德县一带,五台县、代县、繁峙县、定襄县大部分区域、忻府区、静乐县南部,吕梁市兴县、方山县、交城县一带、中阳县、交口县大部分区域,太原市娄烦县大部分地区、古交市北部,阳泉市盂县大部分地区,晋中市昔阳县南部、和顺县、左权县、榆社县大部分地区,长治市沁源县南部、屯留县、长子县西部、黎城县、平顺县、壶关县大部分地区,临汾市隰县、汾西县、大宁县、蒲县、吉县、乡宁县、霍州市、吉县、安泽县、浮山县大部分地区、翼城县东部,晋城市沁水县、阳城县西部、灵川县大部分地区,运城市绛县、垣曲县、夏县、平陆县一带、永济市、芮城县、盐湖区一带
高	9090	25.01	忻州市原平市、宁武县、静乐县一带,吕梁市岚县、交城县、离石区、文水县、汾阳市、中阳县、孝义市、交口县部分地区,太原市阳曲县大部分地区、古交市、尖草坪区、万柏林区、晋源区、清徐县部分地区,阳泉市城区、盂县大部分地区、寿阳县南部,晋中市昔阳县、和顺县、榆次区、太谷县、榆社县、祁县、平遥县、介休市、灵石县一带,长治市沁源县、沁县部分地区,临汾市蒲县、汾西县、洪洞县、尧都区一带,晋城市阳城县、泽州县一带,运城市平陆县、夏县、垣曲县一带
极高	3570	9.82	大同市灵丘县南部,忻州市五台县南部、定襄县东部,吕梁市兴县西部、文水县中部、孝义市中部,太原市尖草坪区,阳泉市城区及盂县、平陆县大部分地区,晋中市昔阳县、灵石县大部分地区,长治市黎城县、平顺县大部分地区,临汾市大宁县、吉县、乡宁县、襄汾县、尧都区部分地区和翼城县、安泽县大部分地区,晋城市沁水县、阳城县、泽州县大部分地区,运城市绛县、闻喜县、垣曲县、夏县、盐湖区大部分地区

进一步分析森林雷击火灾的空间分布,发现其风险等级区域与林区分布规律相一致,主要分布在东部太行山脉与西部吕梁山脉(图6.5)。从山西省空间分布观察,极高风险区主要集中在东部和南部地区,阳泉、晋城和运城市占地面积较大,其雷电火灾风险防范存在较大疏漏;高风险区域分布于太原、吕梁、晋中和阳泉市等中部城市,其林区发生火灾概率与影响较大;中

风险等级地区较分散，而低风险地区主要分布于东部和南部城市；无风险等级主要集中在没有林区或森林占地面积较少的地区，其森林火险等级较低，无须加以防范。防治森林雷击火灾的目的是保护生态系统，山西省共有 8 个国家级自然保护区和 38 个省级自然保护区。从自然保护区分布视角看，国家级自然保护区的雷击火灾风险较低，所在区域主要处于中风险与低风险等级，1 个(临汾市五鹿山)处于高风险等级；9 个省级自然保护区(药临寺冠山、汾河上游、天龙山、薛公岭、灵石、韩信岭、绵山、超山、泽州猕猴)处于高风险及以上等级，亟待相关部门采取措施以减轻灾害风险。

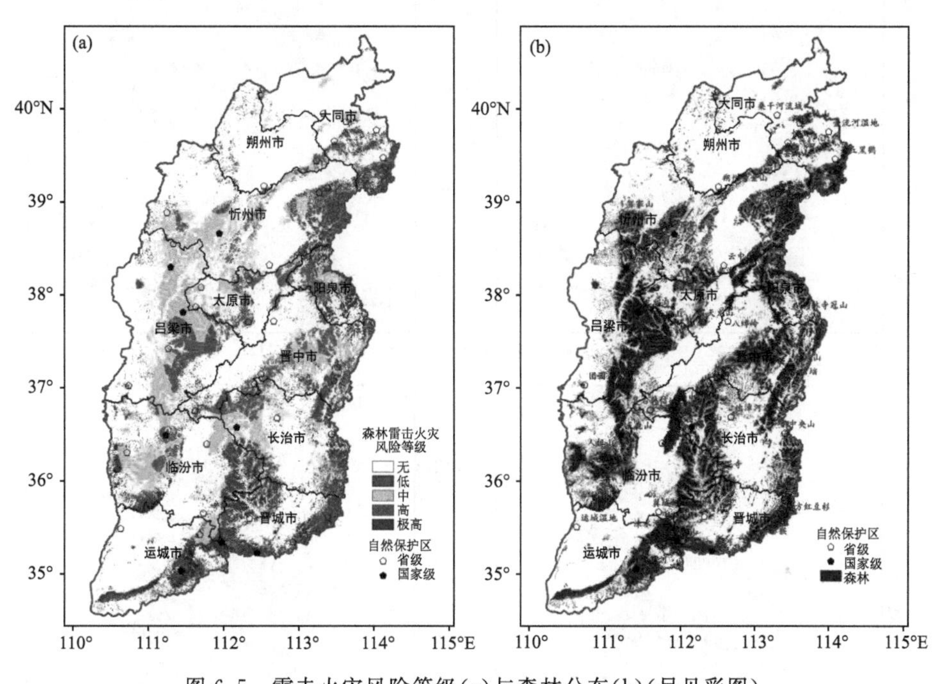

图 6.5　雷击火灾风险等级(a)与森林分布(b)(另见彩图)

延展到时间规律，山西省不同月份的森林雷击火灾风险存在较大差异(图 6.6)。火灾风险与气温成正比，整体于夏季普遍增高，而春季、秋季和冬季的风险呈现较低水平。高风险与极高风险等级主要集中于 6—8 月，每年此时雷击火灾的发生概率急剧增大，灾害干扰强度也相应增强；与其他月份相比，没有明显变化，多数地区处于中、低风险水平，雷击火灾的影响较小。

6.2.3.2　影响因子评估等级与特征

雷电是造成森林雷击火灾的主要因子，直接决定了灾害是否发生及频率。2016—2020 年年平均闪电密度在 0～2.29 次/(km^2 · a)，山西省风险水平呈现环状分布，闪电发生频率从中部地区扩展到边缘地区逐渐减小；忻州、太原和吕梁市存在较高等级的雷电灾害风险，须加强预测与防治。作为与承灾体相关的地理因子，山西省海拔高度范围在 192～3072 m，其带来的雷击火灾发生风险主要呈带状分布，中部与两条山脉所在地区的等级较高，复杂的地貌地形和适宜生存的植被易导致火灾的燃烧、蔓延并升级救援难度。从气象因子看，年平均风速在 1.4～7.9 m/s，太原以北的区域多年平均风速较大且部分存在 5 级以上等级风速，导致火灾扩散速度较快，而太原中部以南地区风速偏小，主要处于 2 级风速及以下，造成火势蔓延的可能

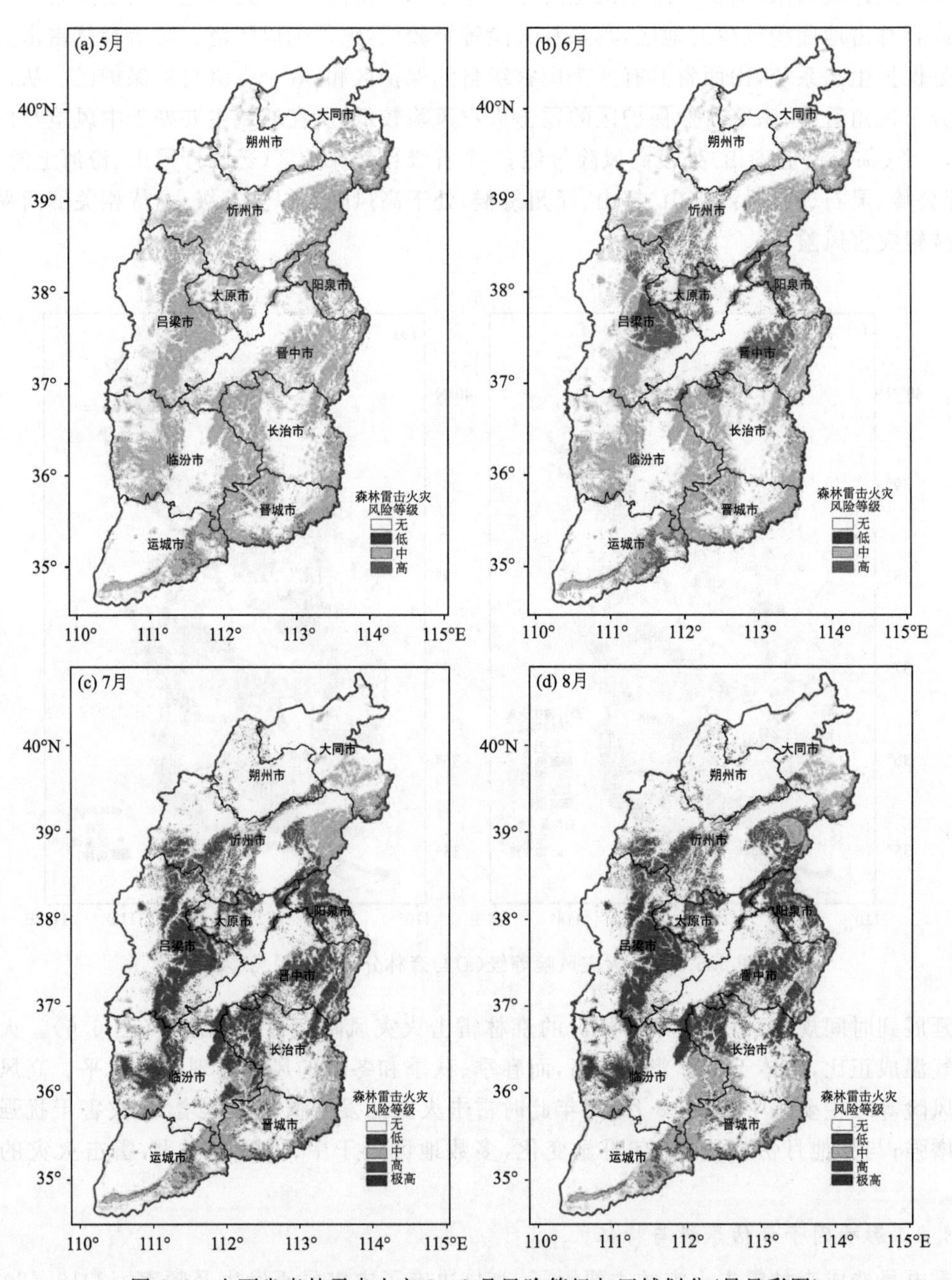

图 6.6　山西省森林雷击火灾 5—8 月风险等级与区域划分(另见彩图)

性较低；年平均气温在－1.84～14.65 ℃，年平均相对湿度范围在 50.84%～60.90%，分别处于低风险和中风险等级。年平均日降水量在 1.02～2.03 mm，整体雨量较小、气候干燥，相应风险较大；分析相对趋势，年平均气温和相对湿度呈南高北低分布；而日平均降水量呈东南高西北低分布。忻州市东部地区(五台县、繁峙县)多年平均气温低于0 ℃、日降水量高于 1.8 mm 且相对湿度高于 62%，其气候因子在一定程度上遏制了雷击火灾发生的概率与后果。

6.2.4 结论和讨论

本节从理论方面探究了森林雷击火灾的影响因素，并建立综合评估指标框架对山西省进行风险评估与区域划分，研究结果如下。

(1)评估指标模型可综合计算森林雷击火灾的风险水平，从宏观层面反映其整体状况与动态特征，为应急管理部门科学、准确评估并合理应对林区雷击火灾提供决策依据。山西省森林火灾极高风险与高风险等级区域面积分别占全省林区的9.82%和25.01%；空间尺度上，中部城市(太原、吕梁、晋中和阳泉)大多林区发生雷击火灾概率与后果较严重，全省46个重要自然保护区中10个以上处于高风险等级；时间分布上，雷击火灾较高风险主要集中于夏季(6—8月)，其他季度无明显严重情形与特征。由于现阶段科技水平的局限性与雷电发生机制的复杂性，雷击火灾预测预报模型作为防治火灾的前提，其进展缓慢。因此，预防与控制森林火灾的指导可运用结合当地实情与理论的评估指标模型。森林雷击火灾是由雷电因子、可燃物和其他气象因子等构成的，为了更准确地进行风险评估，建议根据不同的当地条件将模型中的可燃物、植被类型和下垫面因素纳入灾害风险评估实证中。

(2)不同地区的雷击火灾风险的侧重影响要素不相同，从致灾因子危险性(雷电因子)、承灾体脆弱性和暴露性(气候因子和地理因子)出发，实证剖析影响因素的特征与趋势，有助于林区火灾的规律解析与风险管控差异化。山西省2016—2020年平均闪电密度0～2.29次/(km^2·a)，其绝对值不高(全国1995—2005年平均闪电密度4.2次/(km^2·a))，但主要集中于中部地区；海拔高度在192～3072 m，大部分地区高于1000 m，两大山脉的海拔高度较其他地区高；气候因子中，风速在1.4～7.9 m/s，降水量整体偏低，年平均气温和相对湿度分别处于低风险和中风险等级。山西省范围内闪电密度整体不高，但地形复杂，需加以关注，气候干燥且风速较大是雷击火灾难以管控的元凶(图6.7)。从具体实际情况看，中部地区

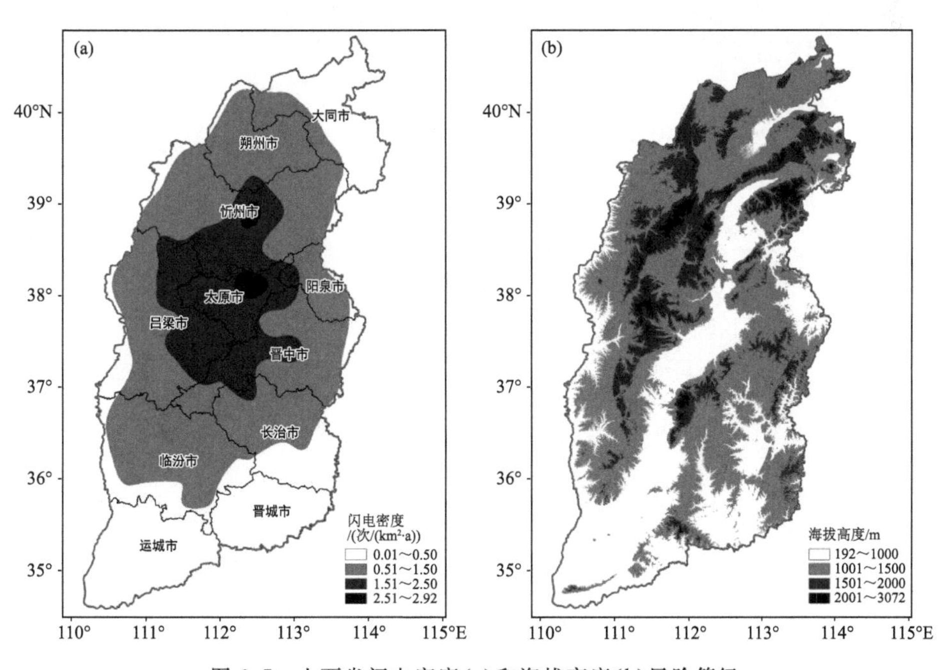

图6.7 山西省闪电密度(a)和海拔高度(b)风险等级

的雷电风险较大，需要相关部门时刻关注并付诸行动。评估体系中的雷电因素采用 2015—2020 年闪电密度数据，可考虑在雷击火灾更加精准的机理研究中将闪电强度纳入指标框架，同时，满足模型数据的需求，进行动态评估并完善相关监测系统，推动气象站监测设施与应急管理体系建设。

第7章　石化企业雷电灾害防御

7.1　加油站雷电灾害特征及防御

7.1.1　引言

随着社会经济的快速发展与人民生活需求日渐提高,机动车辆呈爆发式增加,中小型加油站也逐渐增多。加油站一般位于公路边,多属于空旷地区的孤立建筑物,且为易燃易爆场所,容易遭受雷击并造成严重的后果。随着汽车加油站自动化水平的提高,计算机、计量、计价、油罐液位、自动火灾报警等设施设备的应用越来越普遍,加油站的雷电灾害事故也逐年增加,严重威胁着加油站员工、客户及周围人群的生命安全。因此,加油站的雷电防护非常重要。许多学者都对加油站的雷电防护进行了探索,但多是对某一加油站的防雷设计或某一加油站雷电灾害的分析,缺少对加油站雷击灾害规律进行分析。

为使加油站因地制宜地采取防雷措施,防止或减少雷击加油站所造成的损失,应了解加油站的雷击灾害规律,找出发生雷击事故的原因,采取安全、可靠、经济适用的措施预防和应对雷电灾害。本节通过对加油站雷电灾害特征的分析,给出了加油系统设备、办公系统设备、配电系统设备、建筑物等加油站容易遭受雷击的设备、部位的雷电灾害规律,分析了容易遭受雷击的原因并给出了防御措施,研究结果对促进加油站安全生产具有非常重要的意义。

7.1.2　加油站雷电灾害统计分析

本研究数据来源于中国气象局雷电防护管理办公室发布的《全国雷电灾害汇编(2000—2012年)》,受记录缺失或信息不规范的限制,摘录全国969起加油站雷电灾害案例。

表7.1中的加油系统的损坏是指雷电仅造成加油机及加油机内部设备、液位仪、加油机程控设备等加油设备的损坏;办公设备的损坏是指计算机、电视、电话等辅助办公设备的损坏;电力系统的损坏是指变压器、电涌保护器、发电机、UPS等电力设备的损坏;建筑物的损坏是指加油站的办公楼、罩棚等建筑物的损坏;交叉设备的损坏是指雷击同时造成加油系统、办公设备、电力系统损坏,包括加油与办公、加油与电力、电力与办公等;其他是指雷电灾害案例仅说明该加油站遭雷击,而没有写明什么设备损坏。

表7.1　加油站雷电灾害统计

	加油系统	交叉设备	办公设备	电力系统	起火	建筑物	其他	合计
雷击数/起	387	284	117	95	30	9	47	969
百分比/%	39.94	29.31	12.07	9.80	3.10	0.93	4.85	100

从表7.1可以看出,加油系统雷电灾害损失最大,占总雷电灾害的39.94%,其次是交叉设备损坏,占29.31%,交叉设备损坏比较多,说明加油站的雷电防护应采用综合防护,办公设

备雷电灾害略多于电力系统的雷电灾害，但是综合表 7.2 加油设备与办公设备同时损坏的雷电灾害，加油站办公设备的损坏就要远大于电力系统。这主要有两方面的原因，一是随着汽车加油站自动化水平的提高，大量电子信息系统在加油站中普遍应用，二是多数加油站能够对电力线路进行防雷保护，但网络、电话、电视等这类信息线路的雷电防护并未受到重视。

表 7.2　交叉设备损坏分布统计

	加油与办公设备	加油与电力设备	电力与办公设备	全部设备	合计
雷击数/起	191	38	24	31	284
百分比/%	67.25	13.38	8.45	10.92	100

雷击导致的起火有 30 起，虽然所占比例较小，但是会造成巨大的经济以及人员损失，所以需要严加防范。加油站建筑物遭受雷击损坏，说明加油站整体防雷措施存在缺陷，需要重新设计防雷装置。本节将分别讨论加油站加油设备、办公设备、电力设备以及起火、建筑物的雷电灾害规律及防护措施。

表 7.2 给出了加油设备、办公设备、电力设备同时损坏的情况，全部指加油设备、办公设备、电力设备同时出现损坏。由表 7.1、表 7.2 可见，加油站的雷击事故主要是雷电流由不同的线路侵入造成，加油站的设备都在建筑物内或加油机在罩棚内，不可能遭受直接雷击，如果建筑物遭受直接雷击，建筑物一般会出现物理损坏，而在统计中加油站建筑物遭受雷击仅有 9 起，雷击造成加油、办公、电力设备同时损坏的案例比较少，说明发生在加油站附近的雷击也比较少，因为一般只有雷击发生在加油站附近才能造成雷电流在电力、弱电线路上同时侵入。

7.1.3　加油系统设备

表 7.3 给出了加油系统的雷击统计，加油机的雷击统计是指资料仅说明加油机遭雷击，而未说明哪部分遭雷击，综合的雷击统计是指加油机有多块集成板受损的统计，综合中一般有电脑主板和电路板损坏，小项目中有税控板、液位仪、电磁阀、中控系统、加油枪、显示屏等。

表 7.3　加油系统的雷击统计

	加油机	主板	电路板	小项目	综合	合计
加油系统	172	97	27	43	48	387
加油办公	83	40	5	32	30	190
加油电力	14	10	5	8	1	38
全部加油	14	8	0	4	5	31

虽然有 172 起(占总数的 44.44%)的雷击案例未说明加油机受损部位，但认为其雷击部位与剩余的 55.56%相同，即主板和电路板是加油机设备受损最严重的部位。加油机一般位于加油站罩棚内，遭受直击雷的可能较小，主板与电源板中遭受雷击最多与其功能及结构有关。

主板是加油机的核心部分，具有接收信号、发送信号并对各种信号、数据进行控制、处理、运算、存储等功能。接收的外部信号有传感器信号、油枪信号、键盘信号等。而最主要的是与加油站中控计算机相连，而中控计算机与网络连接。

加油机的电源电路可分为强电源电路与弱电源电路两部分，前者是电网电源的输入部分，后者是电源板的输出部分。加油机大部分电子电路所需的电源为低压直流电源，因此，降压变压器将高压交流电次级输出为低压交流电，而电源板将变压器次级输出的低压交流电通过整流、滤波稳压、扩充输出转变为稳定的直流电，供主板、开关板、显示屏等板块使用。

由于主板与电路板是加油机与网络线路和电力线路相连的节点，因此当雷电流沿网络、电力线路侵入时，加油机主板与电路板就最先受到损坏，也就成了加油机设备受损最严重的部位。

当加油站或附近遭受雷击时，加油机所处的区域没有磁场衰减，会使加油机处于强电磁场区域，加油机的主板芯片和内部线路首先需要靠加油机金属外壳的屏蔽作用来保护，因此加油机的外壳接地很重要，内部的管道和法兰的跨接及电机、防爆挠性接线盒等金属物也应接地。其次是线路的屏蔽，防止雷电流沿电力、通信等线路侵入加油机，在实际调查的加油站中发现，许多加油机内的信号、电力线路连接使用的是屏蔽线路，但是大部分屏蔽线路未与防雷接地连接。

由于加油枪要频繁移动，容易导致加油枪和加油管内软金属网等电位连接松动、接触不良，甚至断裂，导致加油枪接地不良，因此，极易因静电放电产生火花而引发火灾事故，而在统计的加油站雷击起火案例中就有多起加油过程中由于汽油与加油枪摩擦产生静电无法释放，导致加油枪起火。因此，加油站管理人员需定期自查加油枪的接地情况，确保其导电性。

液位仪的雷电灾害也比较多，有50起。液位仪由于其功能，有到油罐的探棒的信号线、到计算机的网络线以及电源线，一般控制线敷设金属线管埋到地罐区，从电磁屏蔽原理来讲，液位仪的控制线上很少遭受雷电灾害，因此液位仪的损坏，应来自电源线或者网络线，在加油与办公中有10起液位仪与计算机等设备同时损坏。

对于加油系统，应尽量与办公系统网络隔离，不共用电力线路与信号线路，在必须连接的部位应设置电涌保护器。

7.1.4 办公系统设备

表7.4给出了加油站办公系统设备的雷电灾害统计，可以看出，计算机设备遭受的雷击最多，其次是电话，监控设备排在第三位。从加油站的检测情况看，多数加油站能够在总配电柜处安装一级电涌保护器，但网络柜、液位仪、监控柜等信息系统的防护并未受到重视，而且引入加油站的网络、通信线路通常是由户外架空明线引入，一般未安装专用电涌保护器做雷电防护措施。

表7.4 办公系统设备的雷电灾害统计 单位：起

	计算机	电话	监控	无网络	综合	合计
办公系统	45	17	13	9	33	117
加油办公	73	47	5	8	57	190
电力办公	9	9		4	2	24
全部办公	11	10		4	6	31

计算机类雷电灾害中，有51起写明网络解调器、网卡、路由器、宽带盒等遭受雷击，可以肯定这一部分雷电灾害由雷电流沿着网络线路侵入。目前，大部分网络系统由光纤引入，由于光纤不导电，因此许多加油站对这一部分不做雷电防护，许多是架空引入，但是忽略了光纤中的金属加强芯，研究发现，光纤金属加强芯一般都没有接地，这可能是导致计算机系统遭受雷击的主要原因之一。

加油站的电话、网络通信以及有线电视线路等信息系统应采用铠装电缆或导线穿钢管配线，配线电缆金属外皮两端、保护管两端均应作屏蔽接地，并在线路端口安装与线路相适配的信号电涌保护器。

大多数加油站出于安全的考虑，都有视频监控系统，但监控线路的施工未考虑雷电防护的措施。监控摄像头未在接闪器保护范围内，信号、电源线路未做防护直接接入计算机，对此，监控摄像头应置于接闪器保护范围内，线缆穿金属管且将两端做好接地处理，并在线路两端安装信号电涌保护器予以保护。

7.1.5 电力系统设备

一般加油站的380 V交流供电线路是架空明线接入至站区附近，再地埋引入建筑，部分加油站是由10 kV电力线架空接入，经变压器后再地埋引入建筑。多数加油站能够在总配电柜处安装一级电涌保护器。

从表7.5可以看出，电力系统设备中电涌保护器损失最严重，本应该起到保护作用而自身却损坏，分析认为有以下原因导致电涌保护器损失严重，一是实际雷电流参数与电涌保护器设计参数存在差异；二是有些电涌保护器存在质量问题。

表7.5 电力系统的雷电灾害统计

单位：起

	SPD	变压器	其他	小项目	综合	合计
电力系统	35	19	5	15	21	95
电力加油	17	4		13	4	38
电力办公	9	1		9	5	24
全部电力	6	8		12	5	31

加油站变压器遭雷击也比较严重，不仅是加油站变压器遭雷击，在全国由于雷击而损坏的配电变压器超过总数的1%，多雷区可达5%～10%。可见，变压器的雷电防护还有一定的缺陷。

7.1.6 起火、建筑物

加油站的建筑物遭受雷击，可以肯定是遭受了直接雷击，虽然案例比较少，但是还需引起重视，说明加油站的直接雷防护措施存在缺陷。

表7.6给出了加油站起火的雷电灾害统计，其中"综合"是指加油机、油罐都起火；"其他"是指仅说明加油站起火，具体情况不详。在雷击引起的加油站火灾案例中，加油机起火最多，加油机起火主要原因，一是加油枪静电线断开，加油过程中产生的静电荷堆积无法很快释放入地，从而导致静电放电起火，二是沿供电系统侵入加油机的雷电流引发加油机起火。20%加油站起火发生在卸油口和油罐车，当油罐进行装卸油时会产生静电，静电积聚到一定量时，就容易产生静电火花，从而引发火灾事故，少数加油站的槽车卸车时专用的导静电装置会失效。

表7.6 加油站起火的雷电灾害统计

	加油机	配电	油罐车、卸油口	油罐	综合	其他	合计
雷击数/起	8	7	6	5	3	1	30
百分比/%	26.67	23.33	20.00	16.67	10.00	3.33	100

7.1.7　结论

通过对全国2000—2012年的969起加油站雷电灾害的统计分析，发现加油系统设备雷电灾害损失最大，占总雷电灾害的39.94%，其次是交叉设备损坏，占29.31%。加油机系统设备中加油机的主板，办公系统设备中的网络计算机，电力系统中的电涌保护器雷击事故最多。加油站办公设备的损坏数量就要远大于配电系统的损坏数量。其主要原因是多数加油站能够注意到电力线路的防雷保护，但网络、电话、电视等信息线路的防护并未受到重视。

研究发现，光纤加强芯一般都没有接地，这可能是导致计算机系统遭受雷击的主要原因之一。由于主板与电路板是加油机与网络线路及电力线路相连的节点，因此也就成了加油机设备受损最严重的部位。

在雷击引起加油站火灾的案例中，加油机起火最多，其原因主要有：第一，加油枪静电线断开，在加油过程中产生的静电荷堆积无法很快释放入地，从而导致静电放电起火，第二，沿供电系统侵入加油机的雷电流引发加油机起火。加油站雷击火灾中有20%发生在卸油口和油罐车。

7.2　加油站雷电灾害风险源辨识及防护

7.2.1　引言

为加强加油站雷电安全生产风险管理，进一步明确加油站的雷电风险源辨识及防护，促进企业雷电灾害相关安全生产事故防范和安全管理能力的提升，提高对加油站雷电灾害风险源的控制能力，消除生产安全事故的苗头和诱因，有效防范生产安全事故的发生，本节以故障模式影响分析(FMEA)与雷电灾害案例相结合的风险源识别方法，对加油站造成危害和影响的活动及作业区范围内的主要风险源进行了辨识，并对风险源进行描述，制定相应的管控措施，以消除、减少或者降低风险，确保加油站的安全生产。

7.2.2　加油站雷电灾害风险源的识别

故障模式影响分析是一种前瞻性的可靠性分析和安全性评估方法，在预防事故的保护机制系统中被广泛使用。该方法通过分析系统中每一个潜在的故障模式，确定其对系统所产生的影响，从而识别系统中的薄弱环节和关键项目，为制定改进控制措施提供依据，是“事前预防”，而非“事后纠正”。FMEA基本步骤包括：确认分析对象；绘制系统方框图；列举故障模式及原因；建立FMEA表格；分析确定故障探测方法及提出改进措施。

在一个完整的体系中，系统往往是非常全面、复杂的。首先要明确需要进行FMEA分析的部分，主要的依据是系统中局部的复杂性、重要程度等。根据加油站的功能将加油站分成不同的功能单元，如图7.1所示。

故障模式分析的任务是根据系统定义中的功能描述及故障判据中规定的要求，预测并列出所有可能的故障模式。利用969起加油站雷电灾害案例作为故障判据，为便于分析和应用，建立了FMEA表格，内容包含：每个部位的功能、可能发生的故障部位、故障原因、对局部及整体的影响，具体见表7.7。

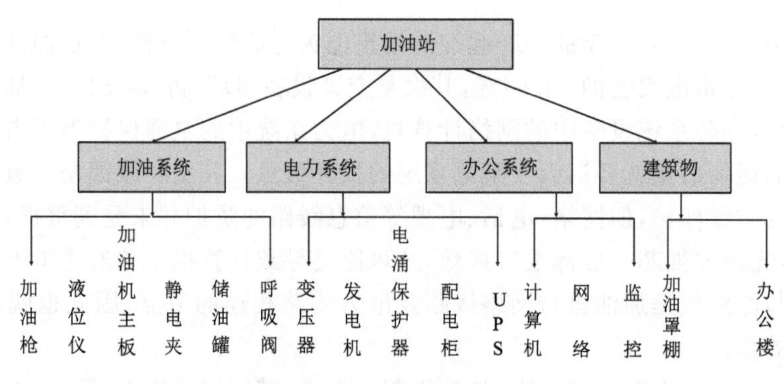

图 7.1　加油站功能分区

表 7.7　FMEA 表格

部位	造成雷害主要原因	易受雷击部位	后果
加油系统	雷电波侵入、雷电电磁感应、雷击电磁脉冲	加油机主板、加油枪、液位仪、呼吸阀、静电夹、储油罐	火灾、爆炸
电力系统	直击雷、雷电波侵入	电涌保护器、变压器	设备损坏
办公系统	雷电波侵入、雷电电磁感应、雷击电磁脉冲	计算机、网络、监控	触电、设备损坏
建筑物	直击雷	加油罩棚、办公楼	触电、设备损坏

7.2.3　加油站雷电灾害风险源及主要防护措施

7.2.3.1　加油系统

(1)加油机主板

造成雷电灾害的主要原因：雷电流沿信号、电源线路侵入时，加油机主板与电路板受损；雷击加油站附近产生强磁场，导致主板受损。主要防范措施：①电源线路采用屏蔽线缆，并将屏蔽层两端接地，同时安装电涌保护器。②信号线路采用屏蔽线缆，并将屏蔽层两端接地，同时安装电涌保护器。③加油机主板安装在防爆电器盒内，并将防爆盒接地。

(2)加油枪

造成雷电灾害的主要原因：加油枪频繁移动，容易导致加油枪和加油管内软金属网等电位连接松动、接触不良，甚至断裂，导致加油枪接地不良，加油时产生静电火花。主要防范措施：①建立定期维保制度，定期检查维护加油枪。②加油枪连接的油管采用金属网橡胶管，将金属网可靠接地。③在加油管外专设一条等电位连接线将油枪与加油机连接。

(3)液位仪

造成雷电灾害的主要原因：由于电磁感应或雷电波侵入，连接油罐探棒的信号线产生电火花，连接计算机的信号线以及电源线击坏设备。主要防范措施：①电源线路采用屏蔽线缆穿钢管埋地，并将屏蔽层两端接地，同时安装电涌保护器。②信号线路采用屏蔽线缆埋地，并将屏蔽层两端接地，同时安装电涌保护器。

(4)油罐呼吸阀

造成雷电灾害的主要原因：由于直接雷击导致油罐呼吸阀起火；呼吸阀等电位连接不良产

生电火花。主要防范措施:①呼吸阀与其他金属部件做等电位连接,管道法兰的连接螺栓少于5根时,法兰必须用金属导线跨接。②在呼吸阀上方2.5 m的高度平面,提供一个半径为5 m的接闪器保护范围,以防止雷暴直接击中呼吸阀,引起高温而点燃油气。③定期检查阻火器是否正常。

(5)静电夹

造成雷电灾害的主要原因:静电夹等电位连接松动、接触不良,甚至断裂,导致油罐车卸油时不能释放静电,引发火灾。主要防范措施:①建立定期维保制度,定期检查维护静电夹。②静电夹可采用两条等电位连接线可靠连接。

(6)储油罐

造成雷电灾害的主要原因:由于直击雷导致油罐受损或电火花引起火灾。主要防范措施:①当储油罐壁厚不小于4 mm时,可不装设接闪器,但应接地,且接地点不应少于两处,两接地点间距不宜大于30 m。②储油罐厚度不足时需安装接闪器,接闪器及其接地装置至被保护的油罐和与其有联系的管道之间的距离不得小于3 m。③管道法兰的连接螺栓少于5根时,法兰必须用金属导线跨接。

7.2.3.2 办公系统

(1)计算机

造成雷电灾害的主要原因:雷电波侵入或雷击电磁脉冲导致计算机损坏。主要防范措施:①电源线路采用屏蔽线缆,并将屏蔽层两端接地,同时安装电涌保护器。②信号线路采用屏蔽线缆,并将屏蔽层两端接地,同时安装电涌保护器。③有条件时使用光纤作为信号线路。

(2)电话、网络通信以及有线电视线路

造成雷电灾害的主要原因:雷电波侵入或雷击电磁脉冲导致网络解调器、网卡、路由器、宽带盒等信息系统设备损坏。主要防范措施:①用铠装电缆或导线穿钢管配线,配线电缆金属外皮两端,保护管两端均应作屏蔽接地,并在线路端口安装与线路相适配的信号电涌保护器。②将信号线缆更换为光纤传输。③光纤加强芯可靠接地。

(3)视频监控系统

造成雷电灾害的主要原因:直击雷、雷电波侵入或雷击电磁脉冲导致监控系统设备损坏。主要防范措施:①监控摄像头应置于接闪器保护范围。②线缆穿金属管并两端做好接地。③视频传输、控制线路及电源线路安装适配的电涌保护器。

7.2.3.3 电力系统

(1) 变压器

造成雷电灾害的主要原因:直击雷、雷电波侵入导致变压器受损。主要防范措施:①架空线连接变压器前转为埋地的金属铠装电缆或穿入埋地的金属管中,屏蔽层两端接地,埋地的长度应大于15 m。②变压器安装在接闪器的保护范围内。

(2)发电机、UPS设备

造成雷电灾害的主要原因:直击雷、雷电波侵入导致发电机受损;雷电波侵入导致UPS设备损坏。主要防范措施:①发电机连接线应采用金属铠装电缆或穿入埋地的金属管中,屏蔽层两端接地。②发电机应安装在接闪器的保护范围内。③UPS前端电源线路安装二级电涌保护器,电压保护水平≤1.5 kV。

(3)电涌保护器

造成雷电灾害的主要原因:电涌保护器被雷电流击穿导致短路或起火;电涌保护器电压保护水平高于设备耐受值导致设备损坏。主要防范措施:①选择经过检验合格的电涌保护器。②为保证系统遭受过电压时,前级保护优先后级保护起作用,应使前后级的安装距离大于10~15 m,否则在其间串联协调电感。③电涌保护器的连接线的截面积一般第一级应大于10 mm^2(多股铜线),第二级应大于 6 mm^2(多股铜线),当电涌保护器制造商有规定时可按其规定选择。④电涌保护器电压保护水平不能高于保护设备耐受值。

(4)总进线配电柜

造成雷电灾害的主要原因:雷电波侵入导致配电柜起火或传导至设备处导致设备损坏。主要防范措施:①电源线应采用埋地的金属铠装电缆或穿入埋地的金属管中,屏蔽层两端接地。②电源总进线处安装Ⅰ级试验电涌保护器,且雷电脉冲电流≥12.5 kA。③总进线柜应远离储油、加油设备。④动力线路应尽量远离引下线,两者相距最好在 2 m 以上,否则应套钢管加强屏蔽。

7.2.3.4 *建筑物*

(1)加油罩棚

造成雷电灾害的主要原因:直击雷导致加油罩棚受损,引下线导致人员跨步电压伤害及接触触电。主要防范措施:①加油站的防雷接地、防静电接地、电气设备的工作接地、保护接地、电子系统接地、SPD 接地等,应共用接地装置,其接地电阻值不应大于 4 Ω。②加油罩棚顶部应敷设接闪带,当长、宽>10 m 时,应敷设 10 m×10 m 或 12 m×8 m 的接闪网格。③应设置间距不大于 18 m 的引下线。④引下线 3 m 范围内地表层的电阻率≥50 kΩ·m,或敷设 5 cm 厚沥青层或 15 cm 厚砾石层;外露引下线,其距地面 2.7 m 以下的导体用耐 1.2/50 μs 冲击电压 100 kV 的绝缘层隔离,或用至少 3 mm 厚的交联聚乙烯层隔离;用护栏、警告牌使接触引下线的可能性降至最低限度。

(2)办公楼

造成雷电灾害的主要原因:直击雷导致突出屋面金属物受损;直击雷导致办公楼受损;引下线导致人员跨步电压伤害及接触触电。主要防范措施:①突出屋面的金属物应与防雷装置做可靠等电位连接。②突出屋面的金属物宜安装在接闪器的保护范围内。③办公楼防雷接地应与其他接地装置共用,其接地电阻值不应大于 4 Ω。④办公楼顶部应敷设接闪带,当长、宽>10 m时,应敷设 10 m×10 m 或 12 m×8 m 的接闪网格。⑤应设置间距不大于 18 m 的引下线。⑥引下线 3 m 范围内地表层的电阻率≥50 kΩ·m,或敷设 5 cm 厚沥青层或 15 cm 厚砾石层;外露引下线,其距地面 2.7 m 以下的导体用耐 1.2/50 μs 冲击电压 100 kV 的绝缘层隔离,或用至少 3 mm 厚的交联聚乙烯层隔离;用护栏、警告牌使接触引下线的可能性降至最低限度。

7.2.4 结论

以故障模式影响分析与雷电灾害案例相结合的风险源识别方法,对加油站雷电灾害风险源进行识别,给出了加油机主板、加油枪、液位仪、油罐呼吸阀、静电夹、储油罐、电涌保护器、变压器、计算机、网络、视频监控、加油罩棚、办公楼等加油站易遭受雷击的主要风险,根据《汽车加油加气站设计与施工规范》《建筑物防雷设计规范》《建筑物电子信息系统防雷技术规范》等国家标准给出了有针对性的防护措施建议。

7.3　某氨气库多次雷击事故及雷电灾害隐患排查分析

本节利用山西省三维闪电定位资料对 2019 年 6—7 月大同市某氨气库两次遭受雷击事件进行了调查分析，确定导致第一次雷击事故是由一次负极性地闪造成，闪电电流强度为 −28.109 kA；第二次雷击事故是由雷电感应或雷电流侵入造成。根据雷电灾害现场调查发现，氨气库在直击雷防护、等电位连接以及电涌保护器安装等方面存在雷击风险隐患，并据此提出减少此类雷电灾害的防护建议。

7.3.1　两次雷电灾害事故简介

2019 年 6 月 12 日 15 时左右，位于大同市的某氨气库发生雷击事故，闪电击中位于储氨库区南侧围墙的树木，使树木表皮脱落，库区围墙上敷设有金属穿线管，金属穿线管通往值班室，雷击造成值班室总配电柜内电涌保护器（SPD）、消防控制模块，监控视频机损坏，如图 7.2 所示。

7 月 4 日氨气库区再次遭受雷击，雷击造成围墙上两组监控摄像头及值班室屋顶一组摄像头损坏，如图 7.3 所示。

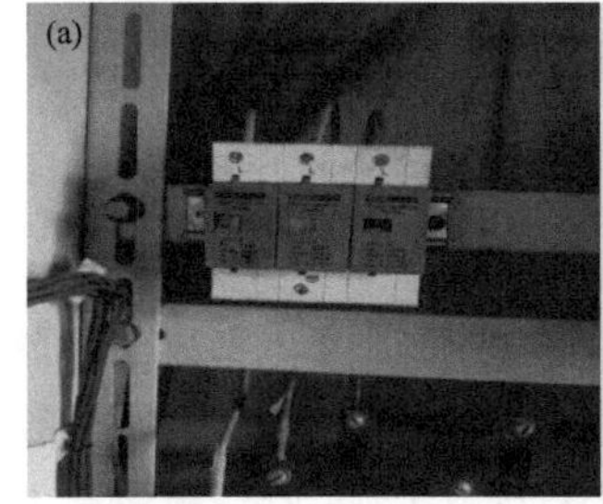
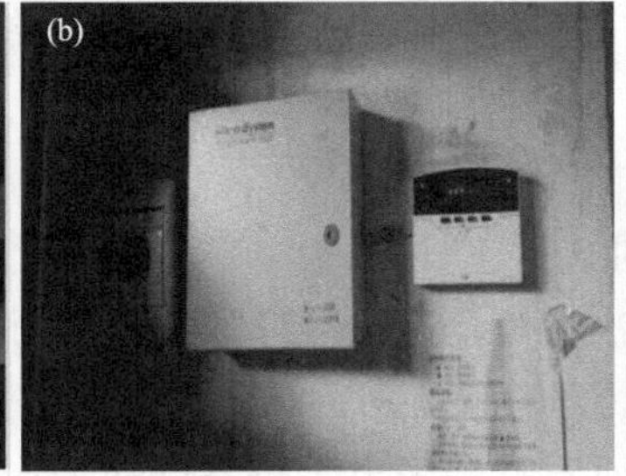

图 7.2　第一次雷击事故

图 7.3　第二次雷击事故

7.3.2 雷击事故分析

氨气库属于储存危险化学物质的建筑，为砖混结构，氨气库顶端有两支接闪针，氨气库院外东南角为人员值班室，在氨气库围墙四周设置有枪式摄像头。氨气库所在地海拔高度1031 m，周围地势平坦，位置较空旷，地表为红砖覆盖的黄沙回填土。现场测得土壤电阻率150 Ω·m。氨气库南墙中央处有高10 m的树木，如图7.4所示。

图7.4 氨气站位置

结合氨气库的经纬度，统计得到7月4日15时00分—15时30分第一次雷电灾害发生时，氨气站周围2 km以内共发生2次闪电，各项参数如表7.8所示，距离雷电灾害事故现场最近的闪电发生在15时27分23秒，距离为0.779 km，电流强度为−28.109 kA。张华明等(2020)根据雷灾事故统计分析了山西省三维闪电定位系统的平均误差为1.48 km，剔除最大的误差三维系统平均为0.76 km。因此，可以认为此次负极性地闪造成了第一次雷电灾害。

7月4日15时30分—16时10分第二次雷电灾害期间氨气库周围3 km内共发生3次雷击，如表7.8所示，由于未在氨气库区内发现直击雷现场，因此可以认定此次雷电灾害是由雷电感应或雷电流侵入造成的。第一次雷击后氨气库管理方只把第一次雷击大树旁边围墙上的穿线管做了跨接，未采取其他措施，监控摄像头等设施仍处于雷击威胁之下，直接导致了第二次雷电灾害事故。

表7.8 氨气库周围(2 km内)闪电定位资料

日期	时间	闪电		到事故点距离/km	强度/kA
		经度/°E	纬度/°N		
6月12日	15时27分23秒	113.22	40.06	0.779	−28.109
6月12日	15时01分41秒	113.24	40.05	1.643	−25.467
7月4日	15时41分33秒	113.23	40.06	1.147	−18.247
7月4日	15时41分50秒	113.20	40.07	2.172	−30.750
7月4日	16时06分55秒	113.19	40.05	2.608	53.666

7.3.3 雷电灾害风险隐患排查

根据雷电灾害现场调查发现，氨气库在直击雷防护、等电位连接以及电涌保护器安装等方面存在风险隐患。

7.3.3.1 直击雷防护情况

①氨气库值班室屋面未装设接闪带与引下线。②室外摄像机无直击雷防护措施。

7.3.3.2 屏蔽情况

室外摄像头进出线使用金属穿线管，但是没有埋地敷设且两端未做接地（接地电阻 200 Ω），部分位置使用 PVC 穿线管，屏蔽措施不合格。

7.3.3.3 电涌保护器安装情况

①人员值班室与室外摄像头电源进线属于穿越防雷界面的电源线路，未安装合适的电涌保护器。②室外摄像头信号线未安装信号防雷器。

7.3.3.4 等电位情况

①人员值班室未设置等电位端子箱。②人员值班室视频柜信号柜与室内配电箱未做等电位连接。③人员值班室未设置均压环。

7.3.4 隐患治理措施

7.3.4.1 直击雷防护

在值班室屋面女儿墙距外沿 5 cm 处安装接闪带，接闪带采用 Φ10 镀锌圆钢，沿女儿墙明敷一周，并形成闭合环路，接闪带安装 15 cm 高镀锌支架，每 1 m 安装一组，在女儿墙拐角处设置 30 cm 高接闪短针，与接闪带可靠焊接。值班室地面散水外安装接地装置，接地装置应 ≤4 Ω。值班室外墙设置 2 根引下线，将接闪带与接地装置连接，引下线采用 4 mm×40 mm 镀锌扁钢。

库区围墙地面每 12 m 设置一组小型接地装置，将所有小型接地网连接，并将围墙上视频监控摄像机及金属穿线管与接地网连接。

7.3.4.2 屏蔽情况

将围墙上所有穿线管更换为金属材质，使相互等电位连接，并就近与接地网连接。

7.3.4.3 电涌保护器安装情况

值班室总配电柜低压进线侧安装一组Ⅰ级试验（10/350 μs）雷电流波形 SPD；在值班室监控系统、安防系统分支电源处安装一组二级 SPD（$U_p \leqslant 1.5$ kV）；值班室视频监控信号线在入户处安装适配的视频端口信号 SPD。

7.3.4.4 等电位情况

值班室墙体距地面 30 cm 高处设置等电位端子箱，端子箱接地从室外接地网引入，在值班室静电地板下设置均压环，均压环与等电位箱接地端子连接，将值班室内所有设备及电源保护地与均压环就近连接。

7.3.5 讨论

本节对 2019 年山西省大同市某氨气库两次遭受雷击事件进行了调查分析。利用闪电定位资料确定了导致第一次事故是由一次负极性地闪造成的，电流强度为－28.109 kA。第二次是由雷电感应或雷电流侵入造成的。根据雷电灾害现场调查发现，氨气库在直击雷防护、等电位连接以及电涌保护器安装等方面存在雷击风险隐患，并据此提出减少此类雷电灾害的防护建议。整改完成后7月12日，氨气站2 km范围内又发生2次雷击，此雷击未造成损失，可以认为整改措施有效。

7.4 某工业污水排气筒雷击起火事故的分析及对策

雷击引起的电击危险程度取决于多种因素，其中最重要的是雷击的持续时间、最大幅度、土壤电阻率以及结构体的接地网络，它们决定了结构体周围的跨步电压和接触电压。当雷击物体时，会向结构体中注入巨大的电流，其电流峰值可达到几十千安甚至几百千安，在不到几毫秒的时间内完成放电，短暂时间内可以显著提高结构体周围的地电位，形成地电位反击，对结构体周围的电气设备造成损坏。冯民学等(2007)利用闪电定位数据资料，分析了仪征储油罐雷击事故，认为此次事故是雷电感应在油罐罐体与浮顶两根连接电缆上产生较大的电位差，从而导致油罐罐体与浮顶之间密封处产生击穿放电，引起油气外泄、燃爆成灾，并提出了相应的防护措施。

本节分析了2017年9月8日发生在新疆油田某天然气处理站工业污水排气筒雷击起火事故。利用气象部门闪电定位系统，结合雷达、卫星等数据资料，确定了导致此次事故的放电过程。根据周围影像资料及现场调查情况，分析导致此次雷电灾害事故的原因，并借助仿真软件，对此次雷击事故进行模拟仿真，评估了雷击瞬间人接触金属围栏门时对人身体产生的影响，并据此提出减少此类雷电灾害事故的防护建议。

7.4.1 事故背景

2017年9月8日克拉玛依市白碱滩区出现强对流天气过程，07时53分左右新疆油田某天然气处理站工业污水排气筒遭雷击起火。根据目击者描述的时间和位置，调取了周围的影像资料，发现闪电击中了事故点周边的树林，导致其中一个工业污水排气筒以及周围的铁管防护栏多处出现火花放电的现象，放电过程之后铁管防护栏火花放电现象消失，而工业污水排气筒由于排出的可燃性气体，开始逐渐燃烧起来，随着火势逐渐变大，再加上风力的作用，导致旁边另一个工业污水排气筒开始燃烧，图7.5为事故点周围监控拍摄的影像资料(第1帧过曝光)。调查评估组赶赴现场时，厂区已将附近树木砍伐，雷击点遭到破坏，不能准确判定雷击点的位置，但从影像资料上可以初步判定，闪电可能击中事故点旁边树梢，通过现场接地电阻测量，发现排气筒以及周围金属围栏均未接地，图7.6为本次雷电灾害事故现场情况示意图。

7.4.2 天气背景

9月7日20时500 hPa高空形势显示，欧亚范围内为两槽两脊的环流形势。根据静止卫星FY-2G相当黑体温度，选取此次天气过程2个时次的云顶亮温，并与前后30 min内的闪电活动进行叠加。可以发现，此次雷击事故是由北疆塔城地区至克拉玛依一带的对流云团造成的。9月8日07时左右对流云团已缓慢西移至克拉玛依市，08时左右整个白碱滩区被对流云团所覆盖，雷击事故点(85.20°E、45.68°N)处于对流云中心区域，云顶亮温最低值接近−50 ℃。云顶亮温可用来表征对流活动，亮温越低，表明云顶越高，云层越厚，对流越旺盛，说明此时段雷击事故点处于对流云发展旺盛阶段。

根据ADTD及克拉玛依市C波段天气雷达资料，分析了事故点周围雷达回波与闪电的分

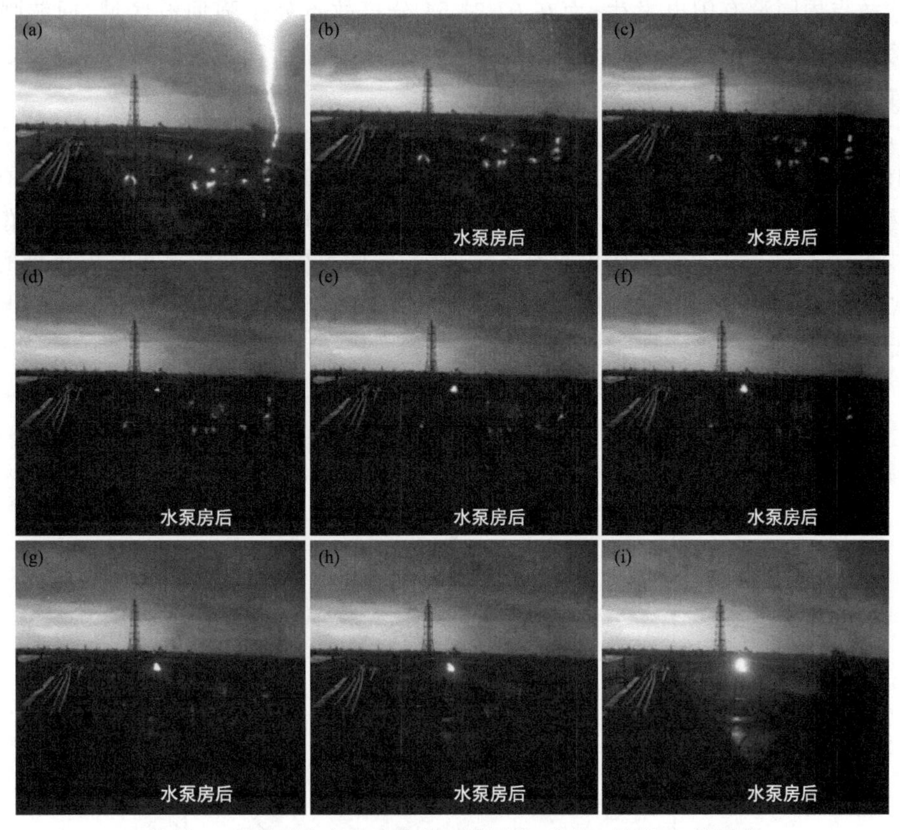

编号 a～h 是雷击之后连续的 8 帧图像，编号 i 是第 17 帧图像

图 7.5　雷电灾害事故现场影像资料

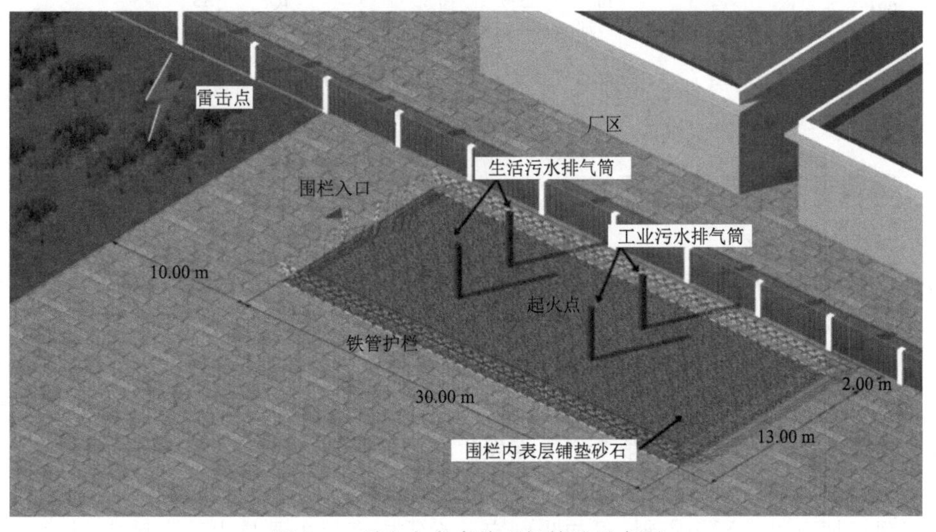

图 7.6　雷电灾害事故现场情况示意图

布。根据 9 月 8 日 07 时 46 分、07 时 54 分、08 时 00 分雷达回波组合反射率与后 6 min 内闪电频次的叠加的影像资料，雷电灾害事故发生时刻为 07 时 53 分 20 秒，但是通过 07 时 46 分的雷达回波与闪电频次叠加图可以发现，该时刻事故点未处于强回波区域，回波强度在 20～30

dBZ,且事故点周围没有闪电发生,而在 07 时 54 分事故点处于强回波区域,回波强度＞45 dBZ,且旁边有一次负极性地闪发生,随后在 08 时 00 分对流活动开始减弱,闪电频次减少,对流云团向西移动。

图 7.7 是以雷击事故点为中心,周围 15 km、4 km 的闪电分布。可以发现,07—15 时事故点周围 15 km 内共发生闪电 46 次,主要集中在 07—08 时,事故点周围 4 km 以内只有一次闪电,距离事故点 612 m,至少有 4 个探测站监测到了此次闪电过程,采用四站算法定位。根据影像资料显示,导致雷击事故的闪电只有首次回击,因此可以判定,距离事故点最近的闪电导致了此次事故的发生,闪电发生时间为 07 时 55 分 41.48817 秒,电流强度为－37.3 kA,电流陡度为－8.8 kA/μs。

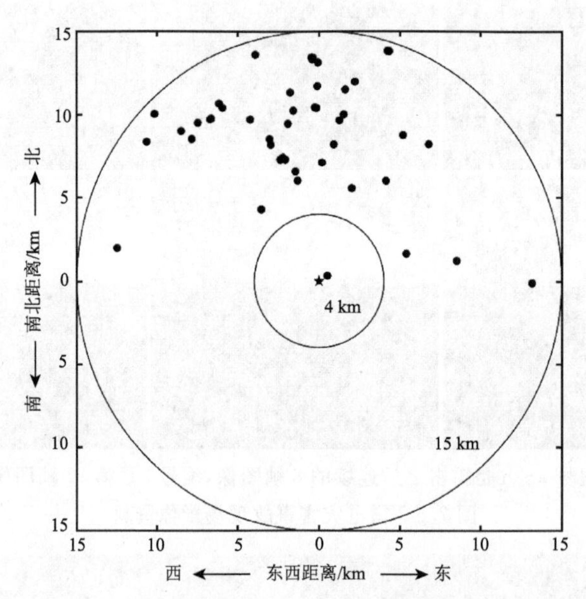

图 7.7　事故点周围 15 km、4 km 范围内的闪电分布
(★为雷击事故点,●为闪电分布点)

7.4.3　雷击事故分析及对策

7.4.3.1　事故情况分析

影像资料显示,雷击瞬间在排气筒顶端未发现起火点,之后排气筒顶端出现火点,而围栏上共有 9 处出现火花放电现象。由于事故发生在早上,天还没有完全亮,影像资料比较暗,以致发生在围栏侧边 4 个火点的具体位置不能确定。图 7.8 给出了发生在围栏入口处的 5 个火点位置,第 1 个火点发生在围栏的拐角处,第 2 个火点发生在悬挂警示牌的位置(警示牌材质是铁皮,用铁丝固定在围栏上),第 3 个火点发生在围栏入口两个门之间,第 4 个火点发生在门与围栏的衔接处,第 5 个火点发生在另一个围栏拐角处。

根据现场情况以及影像资料,可初步判定此次雷击事故主要是由静电感应、电磁感应导致的。当云中负电荷在事故点上方聚集时,由于静电感应在排气筒顶部聚集了大量的正电荷,当闪电放电后,云中电荷迅速被中和,聚集在排气筒顶端的电荷变成自由电荷泄放,因排气筒没有接地,电荷不能及时泄入大地,导致排气筒顶端出现高电位,达到临界值时对空放电,产生的电火花引燃排放气体(图 7.9a 排气筒燃烧痕迹)。金属围栏不是一个整体,而是由多段拼接组

图 7.8　围栏起火点现场情况

成，属于不可靠的等电位连接（图 7.9b），并且存在大量的闭合环路，当闪电放电时，因距离雷击点较近，闪电电磁感应使围栏闭合环路产生非常高的感应电动势，当电势差达到临界值时发生击穿放电的现象。此外，由于雷击点距离围栏较近，地电位抬升对围栏之间的放电可能也有一定的贡献。

图 7.9　灾后排气筒管口烧灼痕迹（a）及现场围栏连接情况（b）

7.4.3.2　*仿真分析*

围栏入口是人经常接触的位置，从人身安全的角度考虑，将围栏入口两个门之间的放电进行具体分析。图 7.10 为围栏入口现场情况，两个门之间有个铁链锁，门间隔约为 0.1 m。铁链锁倾斜悬挂在两个门之间，在两个门之间发生放电现象，可能是两个门之间电势差或者是门与铁链锁之间的电势差导致击穿放电。借助仿真软件电力系统接地分析软件（CDEGS），根据事故现场情况，构建仿真模型，仿真分析中暂不考虑铁链锁的影响，假设人的双手与围栏两个门接触，评估雷击瞬间是否对人造成伤害。

CDEGS 具有接地系统设计分析、电磁干扰研究等功能，其核心主要是基于电磁场理论计算，在稳态、故障、雷击等暂态条件下，由地上或地下任意形状导体构成网络周围的电磁场分布与导体、地表电位分布等。该软件包含 8 个工程应用模块：RESAP（用于土壤电阻率分析和土壤结构分析）、MALT（用于任意土壤结构的低频接地分析）、MALZ（用于任意土壤结构的频域接地分析和复杂埋设网络的阴极保护分析）、SPLITS（用于负载或故障电流分布与共用走廊中的感应和电容干扰分析）、TRALIN（用于架空和埋设的导体线路或复杂的管装电缆结构的参数计算）、HIFREQ（用于任意带电导体网络产生的电磁场的频域分析）、FCDIST（用于故障电

图 7.10　围栏入口现场情况

流分析)和 FFTSES(用于作快速傅里叶变换)。

本次主要用到 HIFREQ 和 FFTSES 两个应用模块,对输入信号进行快速傅里叶变换,在频域中进行电磁场计算,再利用快速傅里叶反变换计算得到系统在时域的瞬态响应。

(1)简化的等效仿真模型

前人基于 CDEGS 建立了两种雷击模型,第一种模型包括沿闪电通道的电流分布,将闪电通道等效为 1300 m 的有损耗的垂直单极天线,该模型需要占用大量的计算资源,耗时较长;第二种模型仅包括注入塔顶的浪涌电流,对每个模型的性能在频域和时域都进行了评估,分析表明,雷击模型对电场的影响较大,对磁场的影响较小。考虑到此次雷击事故对金属围栏的影响主要以磁场为主,采用第二种模型,节约计算时间。将大树等效为 70 Ω/m 导体,树高 8 m,入地 2 m,在顶端注入雷电流。围栏采用内径 0.020 m,外径 0.022 m 的钢管,钢材料的相对电阻系数为 12,相对渗透性为 250,围栏导体表面涂有 0.0005 m 厚、电阻系数为 10000 Ω/m 的绝缘材料,围栏高 1.0 m,埋地深度 0.5 m。由于围栏周围铺垫砂石,当人站在围栏入口时可认为与大地绝缘,将人体等效为 1000 Ω 的导体。采用均匀的土壤模型,土壤电阻率为 352 Ω/m,相对介电常数为 1,相对磁导率为 1,图 7.11 为简化的等效仿真模型。

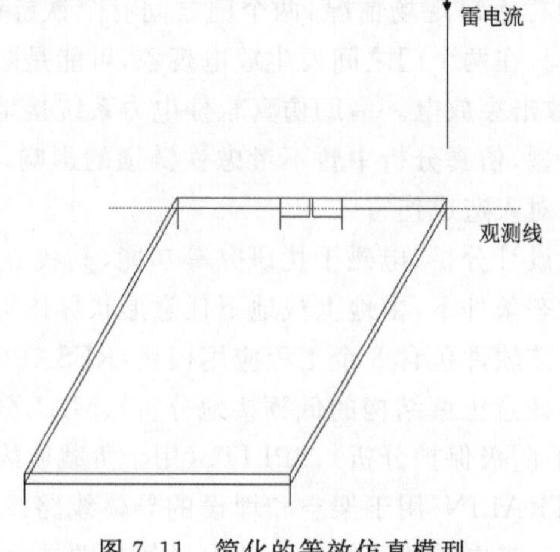

图 7.11　简化的等效仿真模型

(2)初始雷电流波形

本书利用标准的雷电流波形作为激励源。闪电定位系统监测的电流强度为−37.3 kA，电流陡度为−8.8 kA/μs，通过 FFTSES 模块内置雷电波暂态发生器生成标准的雷电波形，其表达形式为：

$$I(t)=49294.75(e^{-48598.39t}-e^{-675086.6t}) \tag{7.1}$$

式中，t 为时间，单位为 μs，I 为电流强度，单位为 kA。

雷电流波形如图 7.12 所示。

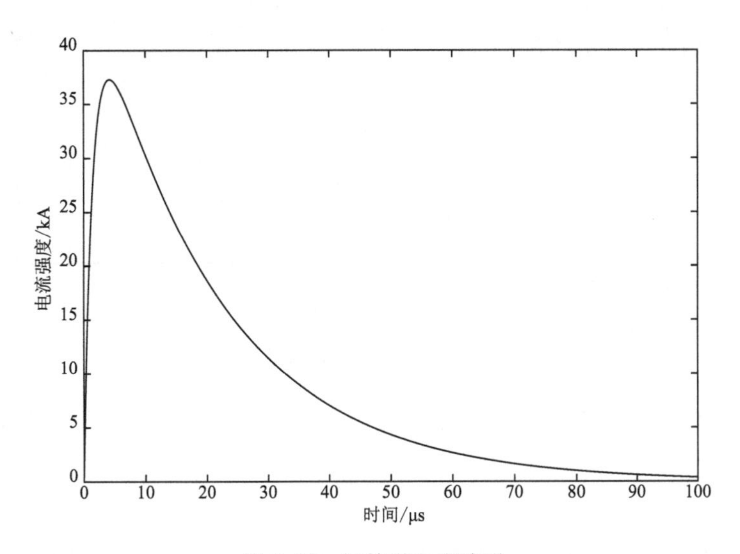

图 7.12　初始雷电流波形

7.4.4　通过人体的瞬态电流

图 7.13 为雷击大树时通过人体的瞬态电流，电流峰值为 5.36 A。Dalziel 等(1953)指出，当一个人接触由瞬态电流激励的导体时，人体耗散的能量(W)近似为：

$$W=R_B\int_0^T i_B^2(t)\,dt \tag{7.2}$$

式中，i_B是通过身体电流的有效值，R_B 是身体电阻，t 为时间，t 取值为 0～T，T 为通过人体的瞬态电流的时间。Dalziel 等(1953)计算了导致心脏出现纤维性颤动的最小能量，当身体电阻取 500 Ω 时，W 为 27 J，当身体电阻取 1000 Ω 时，W 为 54 J。此次事故分析中身体电阻取 500 Ω，根据上述仿真结果，计算 10 μs 内身体耗散能量为 0.017 J，满足 Dalziel 等(1953)提到的安全水平，表明该区域安全。对于西北地区大电流的地闪时常发生，假设此次雷击大树时电流强度为 500 kA，通过人体瞬态电流峰值为 71.8 A，10 μs 内身体耗散能量为 30.01 J，已超出人体所能承受的最大能量 27 J。

在以往的防雷安全检查中发现，大部分重点企业都对油库废水池安装了金属围栏，由于部分厂区废水池设置在厂区外围，从而忽略了对金属围栏做防雷接地等防护措施。通过此次事故发现，雷击在金属围栏附近时，金属围栏出现了火花放电现象，虽不会给厂区带来严重的影响，但从人身安全角度考虑，会给进出的工作人员带来安全隐患。因此，为避免可能存在的危

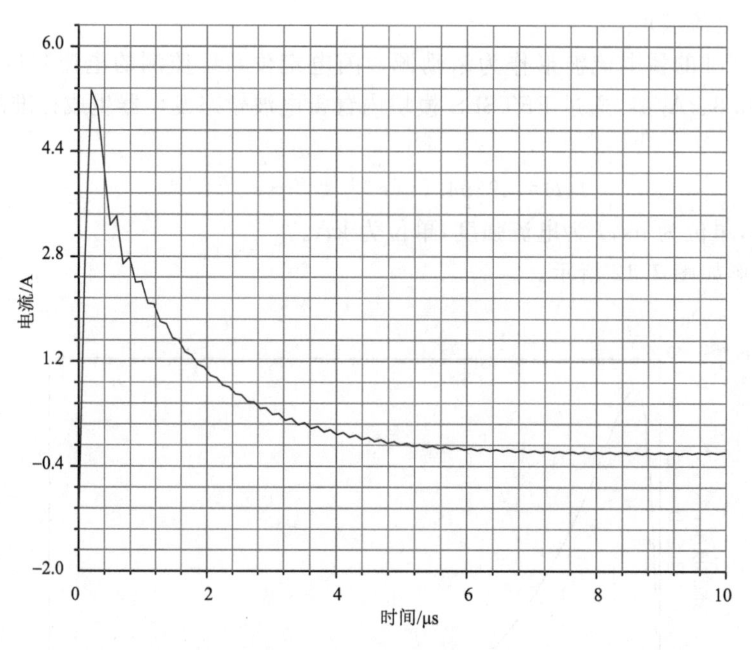

图 7.13　通过人体的瞬态电流

害，在做好防雷接地的同时，建议在围栏上悬挂警示标志，雷雨天气人员尽量避免与金属结构体接触。

7.4.5　结论与讨论

本节对 2017 年 9 月 8 日克拉玛依市新疆油田某天然气处理站工业污水排气筒雷击起火事故进行调查分析，利用气象资料分析，此次雷击事故是由一次负极性地闪的首次回击导致的，闪电发生时间为 07 时 55 分 41.48817 秒，电流强度为 −37.3 kA，电流陡度为 −8.8 kA/μs。

根据雷电灾害事故现场情况及影像资料，可以判定工业污水排气筒起火主要由静电感应出现的火花放电引燃可燃性气体导致，其中地电位抬升可能也有一定的贡献。建议采取相应的防范措施：对于有可燃性气体排出的排气筒应与接地装置连接，为起到更好的防护效果，可加装阻火装置；周围铁管防护栏均应做好等电位连接，并与接地装置连接；根据仿真结果，在雷击瞬间人接触围栏入口两个门时，通过人体的瞬态电流，虽不会导致人身伤亡，但是仅限于此次雷击事故，对于西北地区大电流地闪时常发生，为避免可能存在的危害，建议在围栏上悬挂警示标志，雷雨天气人员尽量避免与金属结构体接触；及时获取雷电预警信息，采取合理的规避措施；雷雨天气监控值班人员应提高警觉，及时发现雷击位置或起火点，采取应急措施。

此次事故的直接原因是工业污水排气筒和金属围栏都没有与接地装置连接，且金属围栏没做好等电位连接。以往在雷电灾害隐患排查过程中发现，这种小型的金属围栏的防护措施容易被忽视，通过此次雷电灾害事故，相关检查部门及企业应引起重视，同时也不可忽略对人身可能存在的伤害，对存在风险的区域，通过悬挂警示标志、业务培训等方式，最大限度地减少灾害事故的发生。

7.5　石化行业雷电灾害隐患排查

根据国务院防雷改革的要求，易燃易爆建设工程和场所是气象部门防雷安全监管范围，其中石化行业是雷电、静电灾害高发区，属于重点监管对象。石化企业往往存在生产厂区大、设备多、工艺流程复杂、专业要求高等特点，给气象部门落实监管责任、有效地排查雷电灾害隐患带来一定困难。此外，我国石油化工行业关于防雷防静电类法律法规、国家及行业规范标准众多，技术人员查找、使用、对照理解较为困难，通过梳理石化行业的基本工艺流程和一般性生产、储运环节，结合雷电致灾机理，分析不同环节对雷电的敏感度，将生产厂区划分为不同的危险等级，以便监管部门对高危险等级的区域重点开展雷电灾害隐患排查，同时对高风险区域列举重点排查部位，并对重要设备或场所提出合理的防护措施。通过全面细致地对雷电灾害隐患排查，摸清企业存在的隐患与风险底数，建立风险隐患台账，可以更好地协助企业做好防雷防静电内部管理，降低安全生产风险，帮助企业提高雷电灾害防御能力，也有利于气象部门更好地落实防雷安全监管责任。

7.5.1　总体原则

石油化工行业雷电灾害隐患专项排查工作贯彻"安全第一、预防为主、综合治理"的方针，坚持"分类管理、分级管控"的原则。依据相关法律法规、标准规范或同类型事故案例等，对石油化工行业开展雷电灾害隐患专项排查。

石油化工行业雷电灾害隐患专项排查工作流程见图 7.14。

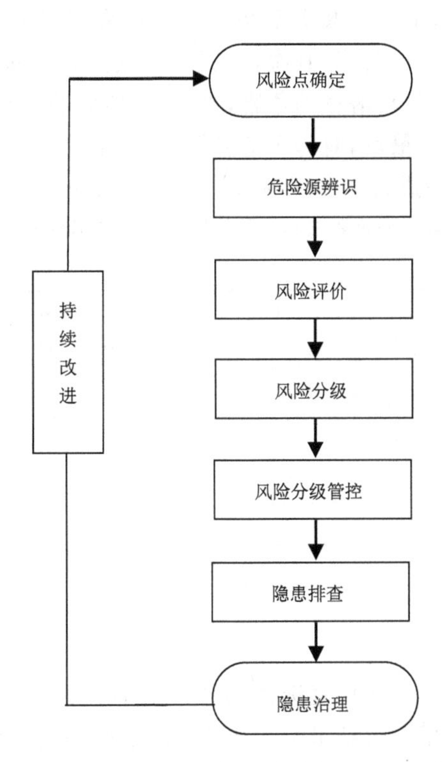

图 7.14　石油化工行业雷电灾害隐患专项排查工作流程图

7.5.2 风险评价与分级管控

7.5.2.1 风险点划分原则

对于设施、部位、场所区域雷电灾害风险点的划分，遵循大小适中、便于分类、功能独立、易于管理、范围清晰的原则，宜按照生产装置区、储油罐区、装卸区、泵房、配电室等进行功能分区。

按照风险点划分原则，分别对各个功能分区的雷电防护装置进行风险点排查，形成包括风险点名称、区域位置、可能导致事故类型及后果等内容的基本信息。风险点登记台账参见表7.9。

表7.9 风险点登记台账

序号	风险点名称	区域位置	可能导致事故类型	现有的风险管控措施	备注
1					
2					
3					
4					

7.5.2.2 危险源辨识

辨识范围：从防雷安全管理、防雷工程设计、地理区域雷电活动特征、设备设施的雷电防护装置、作业环境等各个方面进行辨识。

辨识内容：依据安全管理法规、技术规范、事故案例、未遂事件等辨识人的不安全行为、物的不安全状态和管理缺陷等事故原因。

辨识方法：设备设施的雷电防护装置危险源辨识宜采用安全检查表法(SCL)。分析评价步骤如下：首先，列出风险点登记台账；其次，依据风险点登记台账，按功能或结构划分为若干危险源，对照安全检查表逐个分析潜在的危害；再次，对照标准，依据准则分析事故发生的可能性和后果严重性，并量化取值；最后，对每个危险源，按照表7.10安全检查表法和风险矩阵分析法(LS)分析评价记录表，并进行全过程的系统分析和记录。

表7.10 安全检查表法和风险矩阵分析法(LS)分析评价记录表

风险点(区域/装置/设备/设施)：

序号	检查项目	标准	不符合标准情况及后果	现有管控措施					事故发生的可能性(L)	事故后果的严重性(S)	安全风险等级判定准则(R)	风险分级	建议改进措施	备注
				工程技术	管理措施	培训教育	个体防护	应急处置						

7.5.2.3 风险评价

石油化工行业雷电灾害风险评价宜选择风险矩阵分析法(LS)，针对辨识的危险源潜在的风险进行定性、定量评价，根据评价结果按从严从高的原则判定评价级别。

风险矩阵分析法，$R=L\times S$，其中，R 是安全风险等级判定准则，代表危险性或风险度，它是事故发生的可能性与事件后果的结合，L 是事故发生的可能性；S 是事故后果的严重性；R

越大，说明该系统危险性越大、风险越大。事故发生的可能性（*L*）判断准则见表7.11。事件后果的严重性（*S*）判别准则见表7.12，表中人员伤亡、直接经济损失情况仅供参考，不具有确定性，可根据各企业风险可接受程度进行相应调整。安全风险等级判定准则（*R*）及控制措施见表7.13。风险矩阵表见表7.14。

根据确定的评价方法与风险判定准则进行风险评价，判定风险等级。风险等级判定遵循从严从高的原则，将各评价级别按照从高到低划分为5级：1、2、3、4、5或A、B、C、D、E。风险等级对照表参见表7.15。

表7.11 事故发生的可能性（*L*）判断准则

等级	判断准则
5	在现场没有采取防范、监测、保护、控制措施，或危害的发生不能被发现（没有监测系统），或在正常情况下经常发生此类事故或事件
4	危害的发生不容易被发现，现场没有检测系统，也未发生过任何监测，或在现场有控制措施，但未有效执行或控制措施不当，或危害发生或预期情况下发生
3	没有保护措施（如没有保护装置、没有个人防护用品等），或未严格按操作程序执行，或危害的发生容易被发现（现场有监测系统），或曾经作过监测，或过去曾经发生类似事故或事件
2	危害一旦发生能及时发现，并定期进行监测，或现场有防范控制措施，并能有效执行，或过去偶尔发生事故或事件
1	有充分、有效的防范、控制、监测、保护措施，或员工安全卫生意识相当高，严格执行操作规程。极不可能发生事故或事件

表7.12 事件后果的严重性（*S*）判断准则

等级	法律、法规及其他要求	人员	直接经济损失	停工	企业形象
5	违反法律、法规和标准	死亡	100万元以上	部分装置（大于2套）或设备停工	重大影响
4	潜在违反法规和标准	丧失劳动能力	50万元以上	2套装置停工或设备停工	行业内、省内影响
3	不符合上级公司或行业的安全方针、制度、规定等	截肢、骨折、听力丧失、慢性病	1万元以上	1套装置停工或设备停工	地区影响
2	不符合企业的安全操作程序、规定	轻微受伤、间歇不舒服	1万元以下	受影响不大，几乎不停工	公司及周边范围
1	完全符合	无伤亡	无损失	没有停工	没有受损

表7.13 安全风险等级判定准则（*R*）及控制措施

风险值	风险等级		应采取的行动/控制措施	实施期限
20～25	A/1级	极其危险	在采取措施降低危害前，不能继续作业，对改进措施进行评估	立刻
15～16	B/2级	高度危险	采取紧急措施降低风险，建立运行控制程序，定期检查、测量及评估	立即或近期整改
9～12	C/3级	显著危险	可考虑建立目标、建立操作规程，加强培训及沟通	2年内治理
4～8	D/4级	轻度危险	可考虑建立操作规程、作业指导书，但需定期检查	有条件的情况下治理
1～3	E/5级	稍有危险	无须采用控制措施	需保存记录

表 7.14　风险矩阵表

风险等级		后果等级				
		1	2	3	4	5
可能性等级	5	轻度危险	显著危险	高度危险	极其危险	极其危险
	4	轻度危险	轻度危险	显著危险	高度危险	极其危险
	3	稍有危险	轻度危险	显著危险	显著危险	高度危险
	2	稍有危险	轻度危险	轻度危险	轻度危险	显著危险
	1	稍有危险	稍有危险	稍有危险	轻度危险	轻度危险

表 7.15　风险等级对照表

判定方法	风险等级		管控级别	风险色度
风险矩阵分析法(LS)	A级/1级	极其危险	重大风险	红色
	B级/2级	高度危险	较大风险	橙色
	C级/3级	显著危险	一般风险	黄色
	D级/4级	轻度危险	低风险	蓝色
	E级/5级	稍有危险		

7.5.2.4　风险分级管控

石油化工行业雷电灾害风险分级管控遵循风险等级越高，管控层级越高的原则，按照风险等级从高到低划分为重大风险、较大风险、一般风险和低风险，分别用“红、橙、黄、蓝”四种颜色标识，实施分级管控。依照分级、分类管控的要求划分落实管控主体。上一级负责管控的风险，下一级同时负责管控，并逐级落实具体措施。对雷电防护装置存在缺失、失效的状况，制定落实改进措施，降低风险，对每项控制措施进行评审，确定可行性、有效性。

每一轮雷电灾害危险源辨识和风险评价后，编制包括全部风险点各类风险信息的风险分级管控清单，清单主要包括场所或位置、部位或环节、风险辨识、可能导致的事故类型、管控级别、主要防控措施、依据、责任部门、责任人等，并按规定及时更新。风险分级管控清单见表7.16，各类风险信息的风险分级管控清单汇总参见表7.17。

表 7.16　风险分级管控清单

序号	场所/位置	部位/环节	风险辨识	可能导致事故类型	管控级别	主要防控措施	依据	责任部门	责任人	备注
1										
2										
3										
4										
5										

表 7.17　石化行业雷电灾害安全风险分级管控清单汇总

序号	场所/位置	部位/环节	风险辨识	可能导致的事故类型	管控级别	主要防控措施	标准
1	储罐区	储罐接地线	接地线松动、脱落	产生电火花，引发火灾、爆炸	较大	修复、更换接地线。接地线采用截面积不小于 50 mm^2 热镀锌圆钢或扁钢，通过焊接或螺栓等方式连接	GB 50650；GB 50057；GB 50074；GB 50737；GB/T 32937
2			储罐接地体断裂、连接松动或接地电阻偏高	产生物理损害，诱发火灾、爆炸	重大	开挖检查，及时修复，采取降阻措施	
3		储罐罐体	装设接闪杆	易遭雷击，产生物理损害，诱发火灾、爆炸	重大	拆除接闪杆。钢储罐顶板钢体厚度不小于 4 mm，铝顶储罐顶板厚度不小于 7 mm，不装设接闪杆	
4			储罐上的仪表金属外壳、设备、灯具、梯子、栏杆、防滑踏步等电位连接线松动	产生电火花，引发火灾、爆炸	较大	修复、更换等电位连接线。等电位连接线采用截面积不小于 6 mm^2 的铜线，通过螺钉、螺栓等方式连接	
5		放散管、呼气阀、通气管口	用作接闪的呼吸阀等，其阻火器老化、失效，法兰等电位连接失效	产生电火花，引发火灾、爆炸	重大	更换阻火器，修复、更换等电位连接线	
6		浮顶金属储罐的浮顶与罐体	等电位连接线松动、脱落	产生电火花，引发火灾、爆炸	重大	修复、更换等电位连接线。浮顶金属储罐的浮顶与罐体进行等电位连接	
7		量油孔、人孔、切水管、透光孔等金属附件	等电位连接线松动、脱落	产生电火花，引发火灾、爆炸	较大	修复、更换等电位连接线。等电位连接线采用截面积不小于 6 mm^2 的铜线，通过螺钉、螺栓等方式连接	
8		法兰盘(少于 5 个螺栓)	跨接线松动、脱落、失效	产生电火花，引发火灾、爆炸	重大	修复、更换跨接线。跨接线采用铜线、铜片或铜编织线，通过螺钉、螺栓等方式连接	
9	储罐区	输油管路	相邻、交叉管道跨接线松动、脱落、失效	产生电火花，引发火灾、爆炸	较大	修复、更换跨接线。跨接线采用截面积不小于 6 mm^2 的铜线、铜片或铜编织线，通过螺钉、螺栓等方式连接	GB 50650；GB 50057；GB 50074；GB 50737；GB/T 32937
10			输油管道、管架接地线松动、脱落	产生电火花，引发火灾、爆炸	较大	修复、更换等接地线。接地线采用截面积不小于 50 mm^2 的热镀锌扁钢或圆钢，通过焊接、螺栓等方式连接。接地点不少于 2 处，间距不大于 18 m	

续表

序号	场所/位置	部位/环节	风险辨识	可能导致的事故类型	管控级别	主要防控措施	标准
11	储罐区	罐区内分散布置的金属跨桥、标识牌、气体探测仪等	未连接接地装置或接地线松动、脱落，未安装电涌保护器	产生电火花，引发火灾、爆炸，设备损坏	较大	修复、更换等电位连接线。等电位连接线采用截面积不小于6 mm^2的铜线，通过螺钉、螺栓等方式连接。气体探测仪、电磁阀等电动、电信号执行器类设置电涌保护器	
12	装卸区	装卸棚接闪器	严重锈蚀	产生物理损害、电火花，诱发火灾	较大	除锈、刷防锈漆或更换接闪器	GB 13348；GB 50650；GB 15599；GB 50057；SH/T 3097
13			断裂、脱落	产生物理损害、电火花，诱发火灾	重大	修复或更换接闪器	
14			接闪器附着电气、电子线路	产生电涌侵入，诱发电气、电子系统失效或设备损坏	重大	移除接闪器（接闪带、接闪杆、接闪线）上附着的电气、电子线路	
15		装卸棚引下线	与易燃物品、电子、电气线路安全距离不足	产生电火花、电涌侵入，诱发火灾、电气、电子系统失效或设备损坏	较大	禁止易燃物品接触或附着引下线，与易燃物品间距不小于0.1 m，当小于0.1 m时，引下线的截面积不小于100 mm^2。明敷引下线与电气电子线路平行敷设时距离不宜小于1.0 m，交叉敷设时不宜小于0.3 m	
16			防接触保护损坏、失效	产生反击，诱发人身伤亡	重大	设立警示标志，修复或更换，宜设围栏。在外露引下线在高2.7 m以下部分穿不小于3 mm厚的交联聚乙烯管，交联聚乙烯管应能耐受100 kV冲击电压（1.2/50 μs波形）	
17			严重锈蚀	可能产生电火花，诱发火灾	较大	除锈、刷防锈漆或更换接闪器	
18			断裂、脱落	产生电火花，诱发火灾	重大	修复或更换引下线	
19	装卸区	输送管道	接地线松动、脱落	产生电火花，诱发火灾、爆炸	重大	修复、更换等接地线。进行液体装卸区的易燃液体输送管道在进入点接地，接地线采用截面积不小于50 mm^2的热镀锌扁钢或圆钢，通过焊接、螺栓等方式连接	GB 13348；GB 50650；GB 15599；GB 50057；SH/T 3097
20		装卸区内所有金属设备或金属设施	未完善防雷安全保护措施	产生电火花，诱发火灾、爆炸	重大	加装设备或设施处于接闪装置保护范围内且金属外壳与防雷设施进行等电位连接	

续表

序号	场所/位置	部位/环节	风险辨识	可能导致的事故类型	管控级别	主要防控措施	标准
21	炉区、塔区	高大炉体、高大塔体的引下线	严重锈蚀	产生物理损坏、电火花,诱发火灾	较大	除锈、刷防锈漆或更换接地线断接卡处的螺母、螺栓	GB 50650;GB 50057
22			断裂、脱落	产生物理损坏、电火花,诱发火灾	重大	修复或更换接地线	
23	静设备、粉、粒料桶仓,金属制的放散管、呼吸阀、排风管和自然通风管	接地线	严重锈蚀	产生电火花,诱发火灾、爆炸	较大	除锈、刷防锈漆或更换接地线	GB 50650;GB 50813;GB 50057
24			断裂、脱落	产生电火花,诱发火灾、爆炸	重大	修复或更换接地线	
25	站场装置区	生产装置	接地端子连接线松动、脱落	产生电火花,诱发火灾、电气、电子系统失效或设备损坏	重大	修复、更换等电位连接线。工艺区内所有金属的设备、框架、管道、电缆保护层(铠装、钢管、槽板等)、防爆电气箱、仪表金属外壳和放空管口等,均连接到防雷电感应的接地装置上	GB 50650;SH/T 3164;GB 50057
26		带有棚顶的站场工艺区	棚顶防雷安全保护措施不完善	产生物理损害、电火花,诱发火灾	重大	棚顶加装接闪器	
27	油污水池	金属围栏、金属盖板	未连接接地装置	产生电火花,引发火灾	重大	金属围栏、盖板等与接地装置连接	GB 50057;SH/T 3097
28	油气回收装置	放散管、呼吸阀、通风管	用作接闪的呼吸阀等,其阻火器老化、失效	产生电火花,引发火灾、爆炸	重大	更换阻火器	GB50074
29		设备、仪表、灯具、梯子、栏杆、防滑踏步等金属物	等电位连接线松动、脱落	产生电火花,引发火灾、爆炸	重大	修复、更换等电位连接线。设备、仪表、灯具、梯子、栏杆、防滑踏步等进行等电位连接,等电位连接线采用截面积不小于6 mm^2的铜线,通过螺钉、螺栓等方式连接	
30	泵房/计量间/压缩机房/分离器操作间	建筑物	建筑物雷电防护等级不符合要求	产生物理损害、电火花,诱发火灾	重大	易燃液体泵房、计量间、压缩机房、分离器操作间按第二类防雷建筑物防护,平均雷暴日大于40 d/a的地区,可燃液体泵房、计量间、压缩机房、分离器操作间的防雷按第三类防雷建筑物防护	GB 50074;GB 50057;GB 50183;SH/T 3164;SH/T 3081
31		接闪器	接闪器上附着电气、电子线路	产生电涌侵入,诱发电气、电子系统失效或设备损坏	较大	移除接闪器(接闪带、接闪杆、接闪线)上附着的电气、电子线路	

续表

序号	场所/位置	部位/环节	风险辨识	可能导致的事故类型	管控级别	主要防控措施	标准
32	泵房/计量间/压缩机房/分离器操作间	接闪器	严重锈蚀	产生物理损害、电火花，诱发火灾、爆炸	较大	除锈、刷防锈漆或更换引下线断接卡处的螺母、螺栓	GB 50074；GB 50057；GB 50183；SH/T 3164；SH/T 3081
33			断裂、脱落	产生物理损害、电火花，诱发火灾、爆炸	重大	修复或更换接闪器	
34		高出建筑物屋顶的金属通风管	未连接接闪带	产生电火花，诱发火灾、爆炸	重大	高出建筑物屋顶的金属通风管，顶端与接闪带连接	
35		金属门/金属窗	等电位连接线松动、脱落	产生电火花，诱发火灾、爆炸	较大	修复、更换等电位连接线。等电位连接线采用截面积不小于6 mm²的铜线，通过螺钉、螺栓等方式连接	
36		人体防静电设施	接地线松动、脱落	产生电火花，诱发火灾、爆炸	重大	修复、更换等电位连接线。等电位连接线采用截面积不小于6 mm²的铜线，通过螺钉、螺栓等方式连接	
37	泵房/计量间/压缩机房/分离器操作间	爆炸危险场所的长金属物	平行或交叉敷设的长金属物等电位连接线松动、脱落	产生电火花，诱发火灾，爆炸	重大	修复、更换等电位连接线。等电位连接线采用截面积不小于6 mm²铜线，通过螺钉、螺栓等方式连接。平行敷设的金属管道，当其净距小于100 mm时，每隔25 m左右用金属线跨接一次；当交叉净距小于100 mm时，其交叉处亦应跨接	
38		进入建筑物的架空金属管道	架空金属管道接地线松动、脱落	产生电火花，诱发火灾、爆炸	较大	修复、更换等电位连接线。等电位连接线采用截面积不小于16 mm²的铜线，通过螺钉、螺栓等方式连接。架空敷设的金属管道在进出建筑物处与防雷电感应的接地装置相连接。距离建筑物100 m内的金属管道每隔25 m左右接地一次，其冲击接地电阻不大于20 Ω。埋地或地沟内敷设的金属管道在进出建筑物处亦与防雷电感应的接地装置相连	
39		引下线	与易燃物品、电子、电气线路安全距离不足	产生电火花、电涌侵入，诱发火灾、电气、电子系统失效或设备损坏	较大	禁止易燃物品接触或附着引下线，与易燃物品间距不小于0.1 m，当小于0.1 m时，引下线的截面积不小于100 mm²。明敷引下线与电气电子线路平行敷设时距离不宜小于1.0 m，交叉敷设时不宜小于0.3 m	

续表

序号	场所/位置	部位/环节	风险辨识	可能导致的事故类型	管控级别	主要防控措施	标准
40	泵房/计量间/压缩机房/分离器操作间	引下线	防接触保护损坏、失效	产生反击，诱发人身伤亡	重大	设立警示标志，修复或更换，宜设围栏。在外露引下线在高 2.7 m 以下部分穿不小于 3 mm 厚的交联聚乙烯管，交联聚乙烯管能耐受 100 kV 冲击电压（1.2/50 μs 波形）	
41	泵房/计量间/压缩机房/分离器操作间	引下线	严重锈蚀	产生物理损害、电火花，诱发火灾、爆炸	较大	除锈、刷防锈漆或更换引下线断接卡处的螺母、螺栓	
42	泵房/计量间/压缩机房/分离器操作间	引下线	断裂、脱落	产生物理损害、电火花，诱发火灾、爆炸	重大	修复或更换引下线	
43	泵房/计量间/压缩机房/分离器操作间	室内其他金属设施	其他金属物等电位连接线松动、脱落	产生电火花，诱发火灾、爆炸	重大	修复、更换等电位连接线。等电位连接线采用截面积不小于 6 mm²的铜线，通过螺钉、螺栓等方式连接	
44	配电室/站场综合办公室/消防泵房/仪控室/化验室	建筑物	建筑物雷电防护级别不符合要求	产生物理损害、电火花，诱发火灾、电子系统失效或设备损坏	重大	配电室、站场综合办公室、消防泵房、仪控室、化验室等防雷类别划分根据其重要性、发生雷电事故的可能性和后果等，开展综合的风险性分析来确定防雷建筑物的分类，并采取相应等级的防护措施	GB 50057；QX/T 160；SH/T 3164
45	配电室/站场综合办公室/消防泵房/仪控室/化验室	接闪器	接闪器上附着电气、电子线路	产生电涌侵入，诱发电气、电子系统失效或设备损坏	较大	移除接闪器（接闪带、接闪杆、接闪线）上附着的电气、电子线路	GB 50057；QX/T 160；SH/T 3164
46	配电室/站场综合办公室/消防泵房/仪控室/化验室	接闪器	严重锈蚀	产生物理损害、电火花，诱发火灾、电子系统失效或设备损坏	较大	除锈、刷防锈漆或更换接闪器	GB 50057；QX/T 160；SH/T 3164
47	配电室/站场综合办公室/消防泵房/仪控室/化验室	接闪器	断裂、脱落	产生物理损害、电火花，诱发火灾、电子系统失效或设备损坏	重大	修复或更换接闪器	GB 50057；QX/T 160；SH/T 3164
48	配电室/站场综合办公室/消防泵房/仪控室/化验室	引下线	与易燃物品、电子、电气线路安全距离不足	产生电火花、电涌侵入，诱发火灾、电气、电子系统失效或设备损坏。	较大	禁止易燃物品接触或附着引下线，与易燃物品间距不小于 0.1 m，当小于 0.1 m时，引下线的截面积不小于 100 mm²。明敷引下线与电气电子线路平行敷设时距离不宜小于 1.0 m，交叉敷设时不宜小于 0.3 m	GB 50057；QX/T 160；SH/T 3164

续表

序号	场所/位置	部位/环节	风险辨识	可能导致的事故类型	管控级别	主要防控措施	标准
49	配电室/站场综合办公室/消防泵房/仪控室/化验室	引下线	防接触保护损坏、失效	产生反击，诱发人身伤亡	重大	设立警示标志，修复或更换，宜设围栏。在外露引下线在高 2.7 m 以下部分穿不小于 3 mm 厚的交联聚乙烯管，交联聚乙烯管能耐受 100 kV 冲击电压（1.2/50 μs 波形）	
50			严重锈蚀	产生物理损害、电火花，诱发火灾、电子系统失效或设备损坏	较大	除锈、刷防锈漆或更换引下线断接卡处的螺母、螺栓	
51			断裂、脱落	产生物理损害、电火花，诱发火灾、电子系统失效或设备损坏	重大	修复或更换引下线	
52	配电室/站场综合办公室/消防泵房/仪控室/化验室	电气系统	未安装 SPD	电涌侵入，诱发电气、电子系统失效或设备损坏	重大	加装有效的 SPD	GB 50057；QX/T 160；SH/T 3164
53			SPD 老化、失效	电涌侵入，诱发电气、电子系统失效或设备损坏	重大	检修并更换 SPD。检查 SPD 状态标识，有故障标识出现、表面发热等情况时，将 SPD 与系统断开连接，排除故障后方可将 SPD 并入系统	
54			SPD 接地线脱落、断裂	电涌侵入，诱发电气、电子系统失效或设备损坏	重大	修复或更换接地线。Ⅰ、Ⅱ、Ⅲ级试验的电涌保护器接地线分别采用截面积不小于 6 mm^2、2.5 mm^2、1.5 mm^2 的铜线。接地线尽量短直	
55			SPD 接地线松动	电涌侵入，诱发电气、电子系统失效或设备损坏	较大	修复接地线。Ⅰ、Ⅱ、Ⅲ级试验的电涌保护器接地线分别采用截面积不小于 6 mm^2、2.5 mm^2、1.5 mm^2 的铜线。接地线尽量短直	
56			线路电缆外皮或金属保护管接地线松动、脱落	电涌侵入，诱发电气、电子系统失效或设备损坏	较大	修复、更换接地线。电气线路采用铠装电缆或导线穿钢管配线。配线电缆金属外皮两端、保护钢管两端均接地。接地线采用截面积不小于 16 mm^2 的铜线，通过螺钉、螺栓等方式连接	

续表

序号	场所/位置	部位/环节	风险辨识	可能导致的事故类型	管控级别	主要防控措施	标准
57	户外灯具、监控系统	高杆灯	接地装置损坏	导致电子系统失效或设备损坏	较大	修复、更换接地线	GB 50057；GB/T 21431
58		监控系统	SPD 老化、失效，SPD 接地线脱落、松动	电涌侵入，诱发设备损坏	较大	检修并更换 SPD，修复、更换接地线	
59	安全管理	全部区域	防雷设施未进行定期检测或检测不合格未及时进行整改	产生物理损害、电火花，诱发火灾、爆炸、电子系统失效或设备损坏、人身伤亡等	重大	投入使用后防雷设施每半年进行定期检测一次，检测结论如有不符合规范要求的情况及时整改	GB 50057；GB/T 34312；QX/T 400
60			雷雨天气装卸油	产生电火花，诱发火灾、爆炸	重大	雷雨天气不装卸油	
61			无雷电灾害预警接收措施和应急响应机制	导致生命、财产遭受损失	较大	接入雷电灾害风险预警系统，根据预警信息提前及时做好防范工作	
62			雷雨天高空作业	导致人身伤亡	重大	雷雨天不高空作业	
63			无雷电灾害事故应急演练	导致生命、财产遭受损失	较大	健全雷电灾害事故应急预案，指定专人负责，并每年按照预案演练	

7.5.3　隐患排查

根据安全风险分级管控措施，建立隐患排查治理系统，实施系统化管理，建立风险管控排查长效机制，确保各类风险管控措施持续有效。根据隐患整改、治理和排除的难度及其可能导致事故后果和影响范围，将事故隐患分为一般事故隐患和重大事故隐患。

一般事故隐患指危害和整改难度较小，发现后能够立即整改排除的隐患。重大事故隐患指危害和整改难度较大，无法立即整改排除，需要全部或者局部停产停业，并经过一定时间整改治理方能排除的隐患，或者因外部因素影响致使生产经营单位自身难以排除的隐患。参照《化工和危险化学品生产经营单位重大生产安全事故隐患判定标准》（安监总管三〔2017〕121号）中相关情形的判定为重大事故隐患。

事故隐患分为基础管理隐患和安全生产隐患。基础管理隐患主要包括以下方面存在的问题或缺陷：①生产经营单位资质证照；②具有防雷安全管理机构，并明确防雷安全管理职责；③防雷安全责任制，签订安全责任书；④制定防雷安全制度；⑤建立有效雷电预警信息接收和响应机制；⑥组织防雷安全培训教育；⑦制定雷电灾害应急预案，并组织演练；⑧雷电防护装置定期检测报告，及报告的合法性；⑨雷电防护装置定期维护记录；⑩雷电灾害隐患排查治理记录；⑪防雷安全档案管理规范、完整；⑫新（改、扩）建项目，应有雷电防护装置设计审核意见；⑬基础管理其他方面。

生产现场隐患主要包括以下方面存在的问题或缺陷：①相关设备设施、建筑物的雷电防护装置；②场所环境；③从业人员操作行为；④供配电设施的雷电防护装置；⑤现场其他方面。

7.5.3.1 隐患排查内容

对照雷电灾害风险管控清单，检查风险部位、风险管控措施或者管控方案的落实情况。对全部管控措施进行排查，并编制包含全部应该排查的项目清单。隐患排查项目清单包括生产现场隐患排查清单和基础管理隐患排查清单。

依据基础管理相关内容要求，逐项编制排查清单。基础管理隐患排查清单至少包括：①基础管理名称；②排查内容；③排查时间；④排查结果。

生产现场隐患排查清单以各类风险点为基本单元，依据风险分级管控体系中各风险点控制措施和标准、规程的要求，编制排查单元的排查清单。至少包括：①与风险点对应的设备设施或作业名称；②排查内容；③排查时间；④排查标准；⑤排查方法；⑥排查结果。

7.5.3.2 排查方法

直接判定：组织进行现场检查，核实雷电灾害隐患的具体情况，发现与法律法规、标准规范等不符的，直接判定为雷电灾害隐患。

综合判定：对于涉及复杂疑难的技术问题，按照相关标准规范判定重大事故隐患有困难的，组织专家成立专家组进行技术论证，形成结论性判定意见。结论性判定意见有三分之二以上的专家同意。技术论证专家组由当地政府有关行业主管部门、监督管理部门和相关专业技术专家组成，人数不少于7人。

7.5.3.3 排查方式

石油化工行业雷电灾害隐患专项排查形式包括：①日常排查，专业技术人员的日常性检查，对排查出的隐患进行记录并上报；②季节性排查，针对雷电高发期，每季度至少组织1次雷电灾害隐患专项排查。

实施隐患排查前，应根据生产规模、排查类型、人员数量、时间安排和季节特点，在排查项目清单中选择具有针对性的排查项目作为此次隐患排查的内容。隐患排查可分为基础管理隐患排查和生产现场隐患排查，两类隐患排查可同时进行。

参加隐患排查的相关人员对照排查清单的内容逐项进行核对、检查，填写隐患排查记录，生产现场类隐患有影像资料。表7.18给出了基础管理隐患排查清单，表7.19给出了生产现场隐患排查清单。

表7.18 基础管理隐患排查清单

序号	排查项目	排查内容	排查结果	排查人员	排查时间	备注
1						
2						
3						
4						
5						

表 7.19　生产现场隐患排查清单

序号	排查项目	排查内容	排查标准（风险管控措施）	排查方法	排查结果（风险失控表现）	排查人员	排查时间	备注
1								
2								
3								
4								
5								

7.5.4　隐患治理

隐患治理实行分级治理、分类实施的原则，做到方法科学、治理及时有效、责任到人、按时完成。能立即整改的隐患立即整改，无法立即整改的隐患，治理前要研究制定防范措施，落实监控责任，防止隐患发展为事故。

隐患治理流程主要包括：①通报隐患信息，隐患排查结束后，隐患排查组织部门将隐患名称、存在位置、不符合状况、隐患等级、治理期限及治理措施要求等信息向相关人员进行通报；②下发隐患整改通知，对于当场不能立即整改的，隐患排查组织部门下达隐患整改通知书，对隐患整改责任单位、措施建议、完成期限等提出要求；③实施隐患治理，隐患存在单位在实施隐患治理前对隐患存在的原因进行分析，并制定可靠的治理措施；④治理情况反馈，隐患存在单位在规定的期限内将隐患治理完成情况反馈至隐患整改通知下发部门，未能及时整改完成的说明原因；⑤验收，隐患排查组织部门对隐患整改效果组织验收。

一般隐患治理：对于一般隐患，根据定性、定量评价分级后，由有关人员负责组织整改，整改情况安排专人进行确认。

重大隐患治理：经判定属于重大事故隐患的，企业及时组织评估，评估内容包括事故隐患的类别、影响范围和风险程度以及对事故隐患的监控措施、治理方式、治理期限的建议等内容。根据评估结果组织制定重大事故隐患治理方案。

隐患治理验收：隐患治理完成后，企业根据隐患级别组织相关人员对治理情况进行验收，实现闭环管理，并及时更新隐患治理信息台账。隐患排查治理台账参见表 7.20。

表 7.20　隐患排查治理台账

序号	检查时间	检查人	事故隐患	隐患等级	治理措施	完成时限	整改责任人	复查人员	复查时间	复查结果
1										
2										
3										

石油化工行业适时和定期对雷电灾害风险分级管控和隐患排查治理机制运行情况进行评审，每年至少评审 1 次。当出现以下情况时，及时更新风险分级管控和隐患排查治理机制建设的相关内容：①法律法规及标准规程变化或更新；②政府规范性文件提出新要求；③企业组织机构及安全管理机制发生变化；④生产工艺、设备设施发生变化；⑤新辨识出的危险源；⑥风险程度变化后，需要调整风险管控措施；⑦气候条件发生大的变化；⑧发生事故后，有对事故、事件或其他信息的新认识；⑨企业认为应修订的其他情况。

第 8 章　防雷重点单位防雷能力提升

2014 年以来，国务院相继印发了《国务院关于优化建设工程防雷许可的决定》等一系列文件，对防雷管理职能进行了优化整合。将气象部门承担的房屋建筑工程和市政基础设施工程防雷装置设计审核、竣工验收许可整合纳入建筑工程施工图审查、竣工验收备案，统一由住房城乡建设部门监管；公路、水路、铁路、民航、水利、电力、核电、通信等专业建设工程防雷管理，由各专业部门负责。油库、气库、弹药库、化学品仓库、烟花爆竹、石化等易燃易爆建设工程和场所，雷电易发区内的矿区、旅游景点或者投入使用的建(构)筑物、设施等需要单独安装雷电防护装置的场所以及雷电风险高且没有防雷标准规范、需要进行特殊论证的大型项目，仍由气象部门负责防雷装置设计审核和竣工验收许可。取消了气象部门防雷产品使用备案核准、防雷专业工程设计、施工单位资质许可等审批事项。

根据国务院“放管服”改革的要求，审批权放开、下放或取消后，气象部门应重视和加强事中事后监管，不能只放不管，要做到放管结合。随着防雷检测市场的开放、防雷专业工程资质的取消，防雷安全监管对象变得更复杂，监管任务变得更多，监管责任更重、要求更高，大大提升了监管难度，给气象部门如何履行防雷安全监管职责带来了诸多挑战。

8.1　山西省防雷安全监管机制研究

8.1.1　目前存在的主要问题

8.1.1.1　防雷检测企业的信用问题

随着防雷检测市场放开，部分企业为追求利益违规将防雷检测资质出借。例如，在调查中发现，某煤矿的防雷检测报告由两个检测公司出具，其中属于三类防雷建筑的由具有乙级资质的防雷检测公司出具，属于二类防雷建筑的由具有甲级资质的防雷公司出具，而报告签署人一致。有些企业在检测活动中存在无资质检测、弄虚作假、防雷报告不符合标准规范等问题，如某加油站防雷检测报告由无防雷检测资质证的质检部门出具。防雷检测机构超越资质检测，乙级资质的某检测机构分别给两个具有二类防雷装置的企业出具了防雷装置检测报告。部分防雷检测公司的检测报告简单、项目不全面、以点带面、检测结论片面，对防雷电波侵入措施基本不体现，重视程度不够。

8.1.1.2　雷电防御重点单位存在问题

部分雷电防御重点单位对防雷减灾工作不够重视，对按时开展防雷检测的必要性认识不足，存在侥幸心理，雷电防御方面的制度和预案很少。个别企业预案简单，不具有可操作性，仅为应付上级检查，年度内演练未列入雷电灾害应急演练。

8.1.1.3 防雷监管存在的问题

(1)监管信息不通畅

监管部门无法及时获取监管信息,已建成的防雷网站疏于管理,信息更新滞后。雷电防御重点单位的防雷检测结果不能及时反馈到气象监管部门,气象监管部门无法对存在安全隐患的单位重点监管。防雷检测资质挂靠、变相转让等乱象难以认定查处,使监管难度大大增加。

(2)服务能力弱

山西省气象局按照《中国气象局关于防雷机构编制和人员调整的指导意见》要求,整合资源,优化配置,明确了防雷安全管理机构的工作职责,组建了以气象灾害防御技术中心为主体的防雷减灾技术支撑机构。目前全省各地(市)的气象灾害防御技术中心人员都是原防雷中心人员,主要专长还是防雷检测,雷电区划、风险排查等支撑服务较弱,没有充分发挥气象灾害防御工作的技术支撑作用。

(3)与相关部门合作较少

对所在区域内防雷重点单位信息掌握不全,不能有效全面监管。与相关部门合作少,资源信息不共享。目前仅监管易燃易爆场所,对于气象部门管辖的其他场所监管涉及较少,如雷电易发区内矿区、旅游景区、文物建筑等。

8.1.2 进一步加强防雷安全监管的建议

8.1.2.1 进一步放开防雷检测资质,促进检测市场的良性发展

目前,山西省气象部门共发放防雷检测甲级资质13家(气象部门12家),乙级资质58家。建议将诚信评价优秀的乙级资质企业升级为甲级资质,破解不良企业利用资质证出借牟利,促进防雷检测市场的良性发展。

8.1.2.2 对防雷检测企业开展诚信评价

强化防雷检测企业的诚信管理,建立失信惩戒机制,落实企业防雷安全主体责任。建立防雷安全"黑名单"制度,加大对道德失范、诚信缺失企业的治理力度,严格依法查处违法违规企业并将结果进行广泛公告及宣传。

8.1.2.3 加强雷电防御重点单位的监管,强化防雷安全风险防控能力

对雷电灾害防御重点单位要落实防雷安全责任制,完善防雷管理的建档立制;组织开展应急演练,定期开展防雷安全宣传教育,加强重点单位雷电灾害事故应急救援能力建设;加强防雷安全隐患自查,建立健全雷电灾害报告制度;发生雷电灾害时及时向县气象局报告,并配合做好雷电灾害的调查和鉴定工作。

8.1.2.4 加强部门合作,推进重要项目的雷电防御方案的论证

《国务院关于优化建设工程防雷许可的决定》中规定雷电风险高且没有防雷标准规范、需要进行特殊论证的大型项目,仍由气象部门负责防雷装置设计审核和竣工验收许可。工作中发现水利、林业、文物等部门都对雷电防御有不同程度的需求。例如,山西省多个县(市)林业部门建设森林防火避雷系统。交城县林业部门于2016—2017年建设完成了防火避雷系统,共安装避雷针100余支。目前,国内外对整个林区安装避雷针的案例比较少,而对森林避雷工程的评估更没有开展。

8.1.2.5 提升防雷减灾业务能力,丰富雷电防御公共服务的内容

依据雷电发生频率、强度、时空分布特征以及国家有关防雷安全的法律法规与标准,运用

定量和定性的方法,对区域内雷电灾害可能造成社会生产和人民生活的致灾影响进行整体性、区域化评估。评估结果将为该区域的项目选址、功能分区布局、防雷类别(等级)与防雷措施确定、雷电灾害事故应急方案制定等提供科学依据。

针对不同行业(森林、轨道交通、公路交通、旅游景区等)雷电灾害的特点、孕灾环境、致灾因子和承载体,制定不同行业的雷电灾害危险度等级划分。可为行业有针对性地制定防雷避险和风险管理措施提供依据。

广场、公园等露天人员密集场所为人们生活中极为重要的休闲、娱乐场所。由于其特殊性,存在很大的雷电安全隐患,是造成雷击伤人事故的主要场所。为保护人员的人身安全,对露天人员密集场所进行雷击风险区划,给出雷击高风险区域,对于人民群众的人身安全有重要意义。

8.1.2.6　建立防雷安全隐患排查治理体系,着力提升防雷服务能力

充分发挥省、市两级气象灾害防御技术机构在防雷安全隐患排查和治理整顿中的技术支撑作用,开展雷电灾害调查、隐患点排查和雷电易发区域及防范等级划分,分析雷电灾害防御重点单位的防雷安全现状及雷电风险等级,易燃易爆场所雷电灾害较大危险因素辨识和防范。积极编写相关标准、规程等。推进雷电风险监测预警体系建设。提高雷电预报预警精细化水平,提升雷电强度和落区预报预警的精准度,积极完善雷电风险预警和应急处置机制,规范雷电风险监测预警和信息发布工作。

8.2　防雷重点单位防雷能力评估

雷电灾害可能导致建筑物、供配电系统、通信设备、民用电器损坏,引起森林火灾,还可能引起烟花爆炸仓库、加油加气站、化工厂等易燃易爆场所燃烧甚至爆炸,从而造成巨大的经济损失和人身伤亡,因此,开展易燃易爆场所等防雷重点单位的防雷能力评估是十分必要的。

《中国气象局　国家安全监管总局关于进一步强化气象相关安全生产工作的通知》(气发〔2017〕14 号)、《中国气象局办公室关于进一步加强防雷安全管理工作的通知》(气办函〔2018〕139 号)强调:各级气象、安全生产监督管理部门按照各自职责,准确把握气象安全生产工作的规律和特点,推行气象安全风险管控,共同抓好安全生产气象灾害风险评估和隐患排查工作;督促企事业单位建立气象安全风险管控和自查、自改、自报的隐患排查治理体系,做到风险识别及时到位、风险监控实时精准、风险预案科学有效。气象主管机构应加强气象安全生产监管和服务保障相关标准、规范的研制,提高科学决策和应急处置能力。

防雷重点单位防雷能力的评价对于建立气象安全风险管控和隐患排查工作、加强气象安全生产监管有重要意义。目前,还没有关于防雷重点单位防雷能力评价体系,针对防雷重点单位防雷能力各项影响因素的指标,在层次分析法(AHP)的基础上设计综合评价体系,进一步确定模型中各项指标的权重,提出可在防雷重点单位防雷能力评价中应用的方法。

8.2.1　防雷重点单位定义

本节所称的防雷重点单位主要是指:①油库、气库、弹药库、化学品仓库和烟花爆竹、石化等易燃易爆建设工程和场所;②雷电易发区内的矿区、旅游景点或者投入使用的建(构)筑物、设施等需要单独安装雷电防护装置的场所;③雷电风险高且没有防雷标准规范、需要进行特殊论证的大型项目。

8.2.2　评估方法

层次分析法是一种解决复杂问题的定性与定量相结合的决策分析方法。该方法将定量与定性分析结合起来，用决策者的经验判断各衡量目标能否实现的标准之间的相对重要程度，并合理地给出每个决策方案的每个标准的权重，从而为多目标、多准则或无结构特性的复杂决策问题提供简便的决策方法。

基于层次分析法的防雷重点单位防雷能力评估的模型计算公式见式(8.1)：

$$R_i = \sum_{i=1}^{k}(Q_i \times W_i) \tag{8.1}$$

式中，R_i 为防雷重点单位防雷能力评估值，Q_i 为评价指标体系值，W_i 为第 i 个因子的权重，各因子权重由层次分析法确定。

8.2.3　评估指标

通对山西省防雷重点单位和防雷检测机构的监督检查，按照层次清晰、可操作性强和系统全面的原则，筛选出闪电密度、雷电灾害频次为致灾因子；爆炸危险等级、周边环境、重点单位产值、人口密度等为承灾体易损性因子；防雷设施、防雷管理等为承灾体能力因子，其中防雷设施包含防雷装置的完整性、防雷设计的合理性、警示性标注；防雷管理包括定期检测及保养、应急制度建立及演练、监测信息及接收、安全培训、科普宣传、灾情上报等因子。图 8.1 给出了防雷重点单位防雷能力评价指标体系。

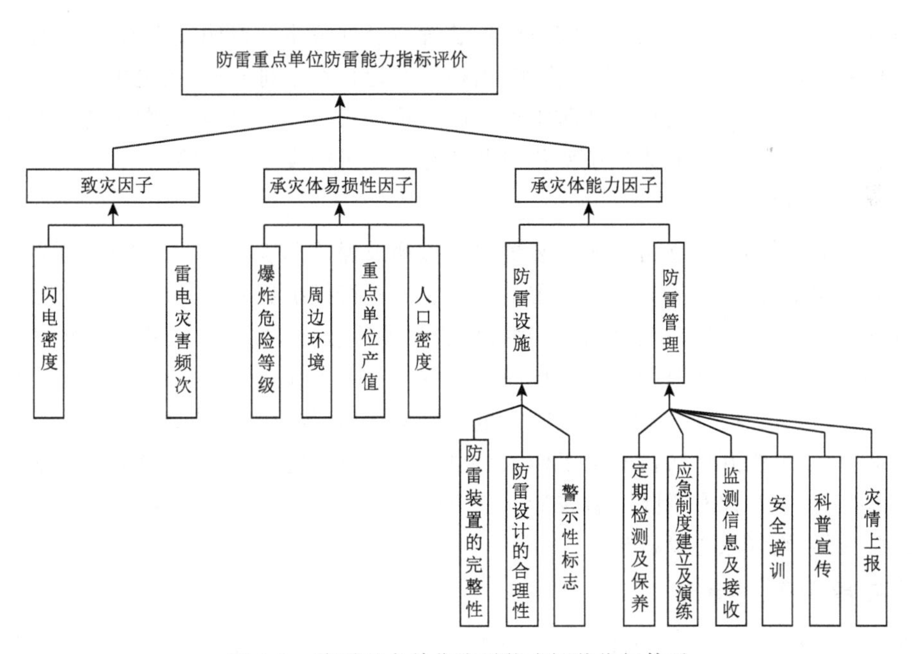

图 8.1　防雷重点单位防雷能力评价指标体系

8.2.3.1　致灾因子

(1)闪电密度，是指防雷重点单位所在区域单位面积地闪次数的年平均值，是最直接反映孕灾环境的评估指标。闪电密度大的地区，说明所在区域孕灾环境复杂、致灾因子闪电活动活跃，承载体易损性大。

(2)雷电灾害频次,是对各地区历史灾情的定量评估,能客观反映各地遭受雷电灾害损失的实际情况。

8.2.3.2　承灾体易损性因子

(1)爆炸危险等级,是指发生事故的可能性和后果及危险程度,将爆炸火灾危险场所进行分析和分区,为不同区域内电气设备提出不同程度的防雷和防爆要求,能客观预估在发生雷电事故时造成的破坏程度。

(2)周边环境,雷电的发生与周边地理、地质、气候背景有密切关系,例如,土壤电阻率有突变的山脚边或者周围有水域等易被雷电侵袭。

(3)重点单位产值,重点单位产值越高,作为主要承灾体的物体,即厂矿和房产等建筑物、基础设施、弱电设备等财产就越多,雷电灾害发生后造成的损失就越大,同样的雷击密度发生在经济发达的地区可能造成的灾害和损失往往要比发生在荒无人烟经济落后地区大得多。因此可作为评价指标。

(4)人口密度,是指区域内的单位面积上的人口数量,人作为雷电灾害承灾体之一,区域人口密度越大,雷击造成的伤亡人数越多,人口密度的大小直接说明了区域灾害承载体的多少,因此人口密度可作为雷电灾害发生潜势的评价指标。

8.2.4　承灾体能力因子

8.2.4.1　防雷设施

①防雷装置的完整性:建设项目雷电防护装置应经气象主管机构竣工验收合格,应委托相应雷电防护装置检测资质的单位进行检测;当检测结论存在不符合时,雷电灾害防御重点单位应及时组织整改,直至符合要求。②防雷设计的合理性:设计文件应经气象主管机构审核。③警示性标志:它能提醒人们周边环境变化以及注意避免可能发生的危险。

8.2.4.2　防雷管理

①定期检测及保养:建立雷电防护装置定期检测及保养制度,委托有检测资质的单位实施雷电防护装置安全检测,并安排专人对雷电防护装置进行维护保养。②应急制度建立及演练:制定雷电灾害应急预案,组建应急队伍,并按照应急预案要求定期演练,总结演练的经验和不足,不断完善应急预案。③监测信息及接收:建立手机、电子显示屏、计算机网络、电视、广播等雷电监测预警预报信息接收终端,在接收雷电预警信息后,根据预警信息,及时采取有效措施。④安全培训:每年组织开展防雷安全工作人员培训。⑤科普宣传:每年开展雷电灾害防御科普宣传,普及防雷减灾知识和避险自救技能。⑥灾情上报:发生雷电灾害事故后,应做好灾害调查,并及时上报当地气象主管机构。

8.2.5　权重因子的确定

判断矩阵表示针对上一层某指标,本层次与之有关的各指标之间相对重要性的比较。本节依据选用的评估指标和层次模型,得出防雷重点单位防雷能力评价各指标的权重。按Saaty的标度方法构造判断矩阵,并给出各判断矩阵都具有符合要求的一致性。表8.1给出了防雷重点单位防雷能力判断矩阵及权重分布;表8.2给出了致灾因子判断矩阵及权重分布;表8.3给出了承载体易损性判断矩阵及权重分布;表8.4给出了承载体能力判断矩阵及权重分布;表8.5防雷设施判断矩阵及权重分布;表8.6防雷管理判断矩阵及权重分布。

表 8.1　防雷重点单位防雷能力判断矩阵及权重分布

	致灾因子	承载体易损性	承载体能力
致灾因子	1.000	3.000	5.000
承载体易损性	0.333	1.000	2.000
承载体能力	0.200	0.500	1.000

判断矩阵最大特征根 $\lambda_{max}=3.0037$，最大特征根对应的归一化特征向量 $\boldsymbol{W}=[0.6479\ 0.2299\ 0.1222]^T$，一致性指标 $I_{CR}=0.0036$。因 $I_{CR}=0.0036<0.10$，可以构造判断矩阵具有满意的一致性。

表 8.2　致灾因子判断矩阵及权重分布

	闪点密度	雷灾频次
闪点密度	1	7
雷灾频次	0.1429	1

判断矩阵最大特征根 $\lambda_{max}=2.0000$，最大特征根对应的归一化特征向量 $\boldsymbol{W}=[0.8750\ 0.1250\ ]^T$，一致性指标 $I_{CR}=(2-2)/1=0.000$。因 $I_{CR}=0.00<0.10$，可以构造判断矩阵具有满意的一致性。

表 8.3　承载体易损性判断矩阵及权重分布

	爆炸危险等级	重点单位产值	人口密度	周边环境
爆炸危险等级	1.000	3.000	5.000	7.000
重点单位产值	0.3333	1.000	3.000	5.000
人口密度	0.2000	0.3333	1.000	3.000
周边环境	0.1429	0.2000	0.3333	1.000

$\lambda_{max}=4.1185$，最大特征根对应的归一化特征向量 $\boldsymbol{W}=[0.5579\ 0.2633\ 0.1219\ 0.0569\ ]^T$，$I_{CR}=0.0444$。因 $I_{CR}=0.0444<0.10$，可以构造判断矩阵具有满意的一致性。

表 8.4　承载体能力判断矩阵及权重分布

	防雷设施	防雷管理
防雷设施	1.000	3.000
防雷管理	0.333	1.000

$\lambda_{max}=2.000$，最大特征根对应的归一化特征向量 $\boldsymbol{W}=[0.7500\ 0.2500]^T$，$I_{CR}=(2.000-2)/1=0.000$。因 $I_{CR}=0.00<0.10$，可以构造判断矩阵具有满意的一致性。

表 8.5　防雷设施判断矩阵及权重分布

	防雷装置完整性	防雷设施合理性	警示性标志
防雷装置完整性	1.000	3.000	3.000
防雷管理	0.333	1.000	1.000
防雷设施合理性	0.333	0.333	1.000

$\lambda_{max}=3.000$，最大特征根对应的归一化特征向量 $\boldsymbol{W}=[0.4286\ 0.2500\ 0.1429]^T$，$I_{CR}=(2.000-2)/1=0.000$。因 $I_{CR}=0.00<0.10$，可以构造判断矩阵具有满意的一致性。

表 8.6 防雷管理判断矩阵及权重分布

	定期检测	应急制度	信息接收	安全培训	科普宣传	灾情上报
定期检测	1.000	3.000	3.000	5.000	7.000	9.000
应急制度	0.3333	1.000	1.000	3.000	5.000	7.000
信息接收	0.3333	0.5000	1.000	3.000	5.000	7.000
安全培训	0.2000	0.3333	0.3333	1.000	3.000	3.000
科普宣传	0.1429	0.2000	0.2000	0.3333	2.000	2.000
灾情上报	0.1111	0.1429	0.1429	0.333	1.000	1.000

$\lambda_{max}=6.2215$，最大特征根对应的归一化特征向量 $\boldsymbol{W}=[0.4219\ 0.22268\ 0.1857\ 0.0884\ 0.0463\ 0.0309]^T$，$I_{CR}=(2.000-2)/1=0.0352$。因 $I_{CR}=0.00<0.10$，可以构造判断矩阵具有满意的一致性。

8.2.6 防雷重点单位防雷能力等级划分

对各个指标进行评价，可得到极重要、中等重要、重要三个等级，对三个等级分别给出相应的分值 3、2、1（表 8.7）。

由于雷击密度没有相应的分区，而雷击密度与雷暴日之间有转换公式，所以，参考《建筑物电子信息系统防雷技术规范》(GB 50343—2012)中雷暴日的等级划分。雷电灾害频次根据防雷单位自身有雷击记录、周围有雷击记录、无雷击记录划分。爆炸危险等级根据《爆炸危险环境电力装置设计规范》(GB 50058—2014)中爆炸性气体环境危险性区域划分，爆炸危险性气体应根据爆炸性气体混合物出现的频繁程度和持续性时间分为 0 区、1 区、2 区；爆炸危险区域应根据爆炸性粉尘环境出现的频繁程度和持续时间分为 20 区、21 区、22 区。

周边环境的指标评价参考《建筑物防雷设计规范》(GB 50057—2010)中建筑物年预计次数中的校正系数，将所处环境分为在位于山顶或旷野的孤立建筑物，位于河边湖边等以及特别潮湿的建筑物区和其他三类。

单位产值按照国家统计局《关于印发统计上大中小微型企业划分办法的通知》《统计上大中小微型企业划分办法》划分为大型、中型和小微型企业。人口密度按照人口密度划分为人口密集区、人口中等区、人口稀少区。

防雷设施中根据防雷装置完整性、防雷设施合理性划分为完整、不完整和无；警示性标志划分为有和无 2 类。防雷管理中的定期检测、应急制度、信息接收、安全培训、科普宣传、灾情上报划分为有和无 2 类。

根据重点单位防雷能力评估分值(R)将其防雷能力等级划分为一、二、三级，当 $R\geqslant2$ 时，可分为一类，当 $1<R<2$ 时，可分为二类，当 $R\leqslant1$ 时，可分为三类。

8.2.7 结论

本节以防雷重点单位防雷能力评估为研究对象，运用层次分析法构建了定性与定量分析相结合的评价指标体系和评价模型，可以用于找准防雷重点单位防雷设施的脆弱因子与脆弱

表 8.7　防雷重点单位防雷能力评价指标及等级划分

<table>
<tr><th>项目</th><th>权重</th><th>因子</th><th colspan="2">权重</th><th>级别</th><th>分值</th></tr>
<tr><td rowspan="6">致灾因子</td><td rowspan="6">0.6479</td><td rowspan="3">闪电密度</td><td colspan="2" rowspan="3">0.8750</td><td>强雷区</td><td>3</td></tr>
<tr><td>多雷区</td><td>2</td></tr>
<tr><td>中、少雷区</td><td>1</td></tr>
<tr><td rowspan="3">雷灾频次</td><td colspan="2" rowspan="3">0.1250</td><td>自身有</td><td>3</td></tr>
<tr><td>周围有</td><td>2</td></tr>
<tr><td>无</td><td>1</td></tr>
<tr><td rowspan="12">承灾体易损性</td><td rowspan="12">0.2299</td><td rowspan="3">爆炸危险等级</td><td colspan="2" rowspan="3">0.5579</td><td>0 区、20 区</td><td>3</td></tr>
<tr><td>1 区、21 区</td><td>2</td></tr>
<tr><td>2 区、22 区</td><td>1</td></tr>
<tr><td rowspan="3">周边环境</td><td colspan="2" rowspan="3">0.2633</td><td>高山孤立</td><td>3</td></tr>
<tr><td>水域潮湿</td><td>2</td></tr>
<tr><td>其他</td><td>1</td></tr>
<tr><td rowspan="3">单位产值</td><td colspan="2" rowspan="3">0.1219</td><td>大型</td><td>3</td></tr>
<tr><td>中型</td><td>2</td></tr>
<tr><td>小微型</td><td>1</td></tr>
<tr><td rowspan="3">人口密度</td><td colspan="2" rowspan="3">0.0569</td><td>人口密集区</td><td>3</td></tr>
<tr><td>人口中等区</td><td>2</td></tr>
<tr><td>人口稀少区</td><td>1</td></tr>
<tr><td rowspan="20">承灾能力</td><td rowspan="20">0.1222</td><td rowspan="8">防雷设施</td><td rowspan="8">0.7500</td><td rowspan="3">完整性</td><td>无</td><td>3</td></tr>
<tr><td>不完整</td><td>2</td></tr>
<tr><td>完整</td><td>1</td></tr>
<tr><td rowspan="3">合理性</td><td>无</td><td>3</td></tr>
<tr><td>不完整</td><td>2</td></tr>
<tr><td>合理</td><td>1</td></tr>
<tr><td rowspan="2">警示性</td><td>无</td><td>3</td></tr>
<tr><td>有</td><td>1</td></tr>
<tr><td rowspan="12">防雷管理</td><td rowspan="12">0.2500</td><td rowspan="2">定期检测</td><td>无</td><td>3</td></tr>
<tr><td>有</td><td>1</td></tr>
<tr><td rowspan="2">应急制度</td><td>无</td><td>3</td></tr>
<tr><td>有</td><td>1</td></tr>
<tr><td rowspan="2">信息接收</td><td>无</td><td>3</td></tr>
<tr><td>有</td><td>1</td></tr>
<tr><td rowspan="2">安全培训</td><td>无</td><td>3</td></tr>
<tr><td>有</td><td>1</td></tr>
<tr><td rowspan="2">科普宣传</td><td>无</td><td>3</td></tr>
<tr><td>有</td><td>1</td></tr>
<tr><td rowspan="2">灾情上报</td><td>无</td><td>3</td></tr>
<tr><td>有</td><td>1</td></tr>
</table>

程度，为编制风险清单、应急预案和防灾规划提供基础资料，并辅助决策防雷重点单位雷电灾害防治的工程性措施，为防雷管理工作提供了技术支撑和决策依据。

8.3 防雷重点单位防雷能力提升

防雷重点单位应从防雷装置定期检测及保养、应急制度及演练、监测信息的接受、安全培训、科普宣传、灾情上报、防雷装置的完整性、防雷设计的合理性、警示性标志等方面不断提升其防雷能力。

8.3.1 防雷管理能力提升

防雷重点单位的雷电灾害防御工作应纳入本单位的安全生产管理体系，设立雷电安全管理机构，或将该职责纳入本单位安全生产委员会，建立防雷安全责任制。配备专门雷电管理员，管理员应熟悉本单位安全生产工艺流程，了解雷电相关知识和防雷装置操作规程。建立健全雷电灾害隐患排查治理体系和预防控制体系，雷电安全管理应符合有关雷电安全相关法律法规、标准及气象主管机构的要求，组织制定和督促落实防雷安全制度或安全操作规程。组织雷电灾害防御相关岗位人员进行不定期防雷安全专业培训，做好记录并归档。对单位员工普及防雷减灾知识，提高避险自救能力。

8.3.1.1 应急预案及启动

雷电灾害应急预案应按照《生产经营单位生产事故应急预案编制导则》(GB 29639)、《雷电灾害应急处置规范》(GB 34312)进行编制。雷电灾害应急演练至少每年组织一次，并对应急演练进行评估和总结，修订完善应急预案，持续改进雷电灾害应急管理工作。

雷电灾害应急救援预案包括下列内容：①应急机构和有关部门的职责分工；②雷电灾害的监测与预警；③雷电灾害的分级与影响分析；④救援人员的组织和应急准备；⑤雷电灾害的调查、报告和处理程序；⑥发生雷电灾害时的应急保障；⑦人员财产撤离、转移路线、医疗救治等应急行动方案。雷电灾害应急预案应当根据实施情况及时进行修订。

雷电灾害发生后应立即启动应急预案，采取有效措施控制灾情和开展应急救援，并尽可能保护现场或通过拍照、摄像等方式记录现场破坏的情况；同时向当地人民政府应急管理部门、气象主管机构报告；如有人员伤亡、火灾、爆炸时，应当迅速报告消防、医疗等有关部门，并组织抢救人员和财产。

8.3.1.2 预警信息接收和落实

建立手机、电子显示屏、计算机网络、电视、广播等接收终端，接收气象主管机构发布的雷电监测预警预报信息。判断和分析可能发生的雷电灾害的紧急情况和发展趋势，并通过有效手段或措施向各相关方及时传递预警信息。

落实防御责任人、预警人员和抢险队伍；修订完善相关预案和抢险方案。储备必需的抢险物资、设备；保障应急通信畅通。

单位应构建应急值守工作机制，应急值守应保证 24 h 通信联络畅通，掌握收集重要动态信息，及时上报和传递。提前巡查有关重点要害部位、重要守护目标及有关隐患源等。接到当地气象部门预警信息结束信息，且确保对单位不会构成威胁后，单位通过网络、电话、短信等方式向相关部门人员发布预警信息结束信息。预警信息结束后组织开展雷电灾害检查，重点检查可能遭受雷击影响的区域、工程或设施。

8.3.1.3　档案管理

应设置专人做好档案的及时整理与归档，归档文件应齐全、完整，签章手续完备，成册、成套文件宜保持其原有状态。归档文件主要包括以下内容：雷电灾害防御工作制度包括雷电灾害应急预案、巡查办法、应急演练计划、雷电灾害防御知识培训记录等；防雷装置资料包括装置设计、施工、验收相关材料及检测报告等；雷电安全管理资料包括安全制度、风险评估报告、日常检查记录、隐患排查记录等；雷电事故资料包括灾害调查报告、事故上报记录等。向有关部门报送相关资料和信息，单位应留有相应的报送记录。归档文件可采用纸质或电子文件等便于存取的方式，保存在具有防止损坏、变坏、变质、丢失的适宜环境的设施中。

8.3.1.4　警示标识

应根据所在地易发雷电灾害类型及其对本单位的危害，确定雷电灾害防御重点部位，设立警示标识，下列场所设施应设置雷击警示标识或告知牌：①空旷区域内孤立的金属罐、塔、杆等设施主体。②防雷引下线裸露在外立面且人员活动所能及的建构筑物。③雷电环境下禁止操作的设施主体。④遭受雷击可能性较高的人员作业区。

8.3.1.5　雷电灾害隐患排查治理

根据重点单位自身情况开展雷电天气风险分析、防雷安全措施分析、雷电天气可能引发的后果分析或雷电灾害风险评估。根据风险分析和评估结果，建立雷电天气风险识别表，采取相应的防雷安全风险控制措施。

雷电安全隐患排查可与本单位各专业的管理、专项检查和监督检查等工作相结合。雷暴经常发生的春夏和秋季，至少组织一次有针对性的季节性专项隐患排查。有同类场所发生雷电灾害事故时，应及时进行事故类比隐患专项排查。

8.3.2　防雷装置维护

应对防雷装置开展定期检测、巡查自检、维护保养等。

定期检测：按照法律法规中规定的时限对防雷装置开展定期检测工作，在雷电防护装置检测合格有效期满前一个月，向有检测资质的单位提出检测要求，并提供必要的防雷设计图纸、设计说明等资料。定期检测结论存在不合格项时，应及时组织整改。

巡查自检：雷电防护装置应定期巡查自检，巡查自检内容主要包括雷电防护装置状态是否完好，材料是否出现锈蚀、防腐措施是否可正常使用；雷电防护装置与其保护物质检、防直击雷的人工接地体与建筑物出入口或人行道之间是否有影响安全的杂物。强弱电系统防雷保护装置是否处于正常使用状态。雷电防护装置的接地电阻、过渡电阻是否正常。

维护保养：检测、巡查自检过程中发现的雷电防护装置存在问题和故障的，应及时组织修复。维修期间应采取确保雷电防护安全的有效措施。故障排除后应进行相应的功能检查确认。存在安全隐患时，应按照规定进行治理。制定雷电防护装置保养计划，明确雷电防护装置的名称、维护保养的内容和周期。易污染、易腐蚀生锈的雷电防护装置应定期清洁、除锈等。对于使用周期超过装置说明标识寿命的易损件和防雷装置，以及巡查检查中发现已经不能正常使用的装置设备应及时更换。

参考文献

陈绿文,张义军,吕伟涛,等,2009.闪电定位资料与人工引雷观测结果的对比分析[J].高电压技术,35(8):1896-1902.

杜野,2019.如何识别引发森林火灾的雷击火——以一起雷击火灾的勘查为例[J].森林防火,2:12-14.

冯民学,罗慧,焦雪,2007.闪电定位资料对仪征储油罐雷灾成因的分析应用[J].气象科学,27(6):679-684.

冯民学,周俊驰,曾明剑,等,2012.基于对流参数的洋口港地区雷暴预报方法研究[J].气象,38(12):1515-1522.

高永刚,顾红,张广英,2010.大兴安岭森林雷击火综合指标研究[J].中国农学通报,26(6):87-92.

郭福涛,胡海清,金森,等,2010.基于负二项和零膨胀负二项回归模型的大兴安岭地区雷击火与气象因素的关系[J].植物生态学报,34(5):571-577.

郝莹,姚叶青,陈焱,等,2007.基于对流参数的雷暴潜势预报研究[J].气象,33(1):51-56.

贾继军,高文艺,2009.新乡市金环小商品批发城"6.28"雷击火灾事故分析[J].魅力中国(7):81-81.

雷小丽,周广胜,贾丙瑞,等,2012.大兴安岭地区森林雷击火与闪电的关系[J].应用生态学报,23(7):1743-1750.

马明,吕伟涛,张义军,等,2008.我国雷电灾害及相关因素分析[J].地球科学进展,23(8):856-864.

苏漳文,2020.基于地理信息系统的大兴安岭林火发生驱动因子及预测模型的研究[D].哈尔滨:东北林业大学.

田晓瑞,舒立福,赵凤君,等,2012.大兴安岭雷击火发生条件分析[J].林业科学,48(7):98-103.

王健,朱景环,1999.雷击引起火灾的实例分析[J].消防技术与产品信息(4):27-29.

王晓红,黄艳,张吉利,等,2014.基于闪电定位数据和气象数据的大兴安岭雷击火预测模型研究[J].中南林业科技大学学报,37(3):28-31.

王学良,张科杰,张义军,等,2014.雷电定位系统与人工观测雷暴日数统计比较[J].应用气象学报,25(6):741-750.

杨敏,杨晓亮,2016.2007—2015年京津冀地区闪电分布特征[J].气象与环境学报,32(4):119-125.

杨淑香,包兴华,吴宏伟,等,2020.雷击火起火原因及预测预报研究综述[J].森林防火,4:28-31.

于建龙,2010.我国大兴安岭地区森林雷击火发生的预测预报[D].合肥:中国科学技术大学.

曾金全,朱彪,曾颖婷,等,2017.福建省多回击闪电特征参数的统计分析[J].暴雨灾害,36(6):573-578.

曾庆锋,力梅,兰红平,等,2018.闪电定位数据替代雷暴日人工观测初探[J].干旱气象,36(5):813-819.

张华明,钱勇,刘恒毅,等,2020.山西省两套闪电定位系统地闪监测结果对比[J].干旱气象,38(2):346-352.

张世谨,卢志红,陈朝海,2010.都匀市中小学校的防雷设施分析与对应措施[J].贵州气象,34(5):29-31.

周康辉,杨波,毛冬艳,等,2014.闪电定位数据与人工观测雷暴数据对比分析[J].天气预报,6(3):46-51.

朱彪,曾金全,李丹,等,2018.三维地闪监测数据分析与校验[J].气象科技,46(5):868-874.

CEN J Y,YUAN P,XUE S M,et al,2014. Observation of the optical and spectral characteristics of ball lightning[J]. Physical Review Letters,112(3):035001.

DALZIEL C,1953. A study of the hazards of impulse currents [J]. Transactions of the American Institute of Electrical Engineers. Part Ⅲ Power Apparatus and Systems,72(5):1032-1043.

DRÜE C,HAUF T,FINKE U,et al,2007. Comparison of a SAFIR lightning detection network in northern Germany to the operational BLIDS network[J]. Journal of Geophysical Research,112(D18).

JERAULD J, RAKVO V A, UMAN M A, et al, 2005. An evaluation of the performance characteristics of the US national lightning detection network in florida using rocket—triggered lightning[J]. Journal of Geophysical Research Atmospheres, 110(10):19106-19121.

DUNCAN B W, ADRIAN F W, STOLEN E D, 2010. Isolating the lightning ignition regime from a contemporary background fire regime in east-central Florida, USA[J]. Canadian Journal of Forest Research, 40(2):286-297.

KILINC M, BRINGER J, 2007. The spatial and temporal distribution of lightning strikes and their relationship with vegetation type, elevation, and fire scars in the Northern Territory[J]. Journal of Climate, 20(7):1161-1173.

KRAWCHUK M A, CUMMING S G, FLANNIGAN M D, et al, 2006. Biotic and abiotic regulation of lightning fire initiation in the mixedwood boreal forest[J]. Ecology, 87(2):458-468.

PODUR J, MARTELL D L, CSILLAG F, 2003. Spatial patterns of lightning-caused forest fires in Ontario, 1976—1998[J]. Ecological Modelling, 164(1):1-20.

TAYLOR A R, 1974. Ecological aspects of lighting in forests [J]. Proc Tall Timbers Fire Ecol Conf(13):455-482.

附录 A 山西省典型雷电灾害案例(经济损失)

(1)2012 年 5 月 1 日，太原市阳曲县某台站遭雷击，造成 1 台 300 W 发射机、1 套媒资管理系统、2 套硬盘播出系统损毁，直接经济损失 57 万元。

(2)2012 年 7 月 26 日，太原市经济开发区某加气站遭雷击，烧毁 2 路视频、工控机 1 块显卡，击坏 1 台加油机主板、1 台压缩机控制柜 2 块主板。

(3)2012 年 6 月 3 日，晋中市祁县某养牛场遭雷击，死亡奶牛 20 头，经济损失 40 万元。

(4)2012 年 6 月 10 日，晋中市左权县某煤业有限公司通风机房遭雷击，损坏 3 个矿用型监控分站、3 个矿用隔爆兼不间断电源、井下 16 个传感器、10 kV 高压线 2 个避雷器，共造成直接经济损失约 10 万元。

(5)2013 年 4 月 19 日，吕梁市某气象站遭雷击，击坏 1 台 GPS 资料接收机、1 台计算机、1 台电视机，直接经济损失 19 万元。

(6)2013 年 7 月 31 日，大同市某发电厂遭雷击，损坏 1 台摄像机、1 块交换机 2M 板、3 台调度台、1 台服务器、1 套闭路电视播出设备，直接损失 79.8 万元。

(7)2013 年 7 月 1 日，晋中市榆社多条电力线路遭雷击相继掉闸，共造成烧坏高压分接箱 2 台，3 台高压分接箱受损需维修，烧坏 200 kVA 变压器 1 台，直接经济损失约 150 万元。

(8)2013 年 7 月 1 日，临汾市中储棉某代储库发生火灾，过火面积约 1.25 万 m^2，2550 t 棉花被烧毁，直接经济损失 4838.73 万元。

(9)2013 年 8 月 9 日，晋中市昔阳县某养殖专业合作社遭雷击，雷击烧毁母猪产房，击死母猪 4 头，重伤 4 头，轻伤 7 头，猪崽死亡 140 余头，直接经济损失 28 万余元。

(10)2014 年 7 月 29 日，长治市沁源县某村 70 多头牛在花坡山遭雷击，其中死亡 25 头，击伤致残 2 头，直接经济损失 50 万元左右。

(11)2014 年 7 月 5 日，太原机场飞机遭遇雷击。

(12)2016 年 8 月 14 日，吕梁大武机场跑道遭雷击，发现雷击点 11 处。

(13)2017 年 8 月 12 日，晋中灵石天然气分输站遭雷击，击毁 2 台阴极保护柜、2 台流量计、2 部电脑主机、2 套 PLC 控制单元，直接经济损失 50 万元。

(14)2017 年 7 月 26 日，吕梁柳林某煤层气门站遭雷击，击毁 2 组空气开关、1 个高压避雷器。

(15)2017 年 7 月 26 日，太原市中石油某油库遭雷击，击毁 1 组电涌保护器、2 台报警器、1 个报警控制箱。

(16)2017 年 6 月 30 日，忻州静乐赤泥窊乡家某村击死 62 只羊，直接经济损失 10 万元。

(17)2017 年 7 月 24 日，晋中市榆次区某胶粘剂有限公司一座容积为 250 m^3 的甲醇罐遭遇雷击爆炸起火。

(18)2018 年 6 月 18 日中午，朔州市某水厂遭雷击，损坏 1 台流量计，1 台水流计量仪器、1 个可编程逻辑控制器(PLC)模块、1 台工控机、1 台变频器，直接经济损失约 10 万元。

(19)2018年8月9日,忻州市原平长梁沟35 kV变电站遭雷击,损坏变压器等设备。

(20)2018年7月20日,忻州市宁武县引黄工程头出水口监控设备遭雷击,损坏4个摄像监控设备。

(21)2018年8月25日,忻州市五台山风景区菩萨顶遭受雷击,击坏11台消防控制柜。

(22)2018年8月6日,晋中市某气象局先后两次遭受雷击,造成单位供电专线主线路被击断,变压器损毁、业务室UPS被击毁。

(23)2018年8月9日,忻州市灵河高速某收费站因受雷击,导致机房交换机损坏,入口不能正常工作。

(24)2017年7月14日,朔州市朔城区某农牧有限公司遭雷击,击死40头牛。直接经济损失68万元。

(25)2017年7月22日,朔州市某养猪场遭受球状闪电袭击,造成500多头猪死亡。

(26)2017年6月30日,忻州静乐某村击死62只羊。直接经济损失10万元。

(27)2017年7月23日,太原市某钢铁集团110 kV供电线路遭雷击,击毁1个线路绝缘子、击毁1台主抽增压风机监控PLC。

(28)2017年7月23日,太原市某幼儿园遭雷击,击毁2台网络设备。

(29)2019年6月29日,大同市某氨气库遭受雷击,击坏5支监控摄像机、1部交换机、1套消防火灾报警系统、1套红外感应报警系统。

(30)2019年8月5日,忻州市宁武县化北屯崔家沟遭受雷击,击死21只羊。

(31)2020年6月5日,长治市沁源县局部地区出现强对流天气,伴有雷暴大风,引发雷击木起火,致交口乡信义村段家沟至南洪林一带发生森林火情。

(32)2022年7月25日,临汾市霍州市云峰寺及其附近住户遭受雷击,造成电源线路、家用电器等设备损坏。

附录B　山西省典型雷电灾害案例(人员伤亡)

(1)2012 年 6 月 23 日,朔州市右玉县某小学三名学生在学校操场被雷电击中。造成一人死亡、一人重伤、一人轻伤。

(2)2012 年 7 月 4 日,忻州市宁武县某村村民在山上放羊时突遭雷击,当场死亡 2 人。

(3)2012 年 7 月 5 日,忻州市神池县某村村民段某在山上放羊时突遭雷击,当场死亡。

(4)2015 年 6 月 25 日,朔州市某贮灰场作业工尹某遭雷击死亡。

(5)2017 年 7 月 3 日,大同市大同县某村村民遭雷击死亡。

(6)2017 年 7 月 23 日,忻州市宁武县 1 名女子遭受雷击死亡。

(7)2018 年 8 月 10 日,吕梁市临县某村 2 村民在放羊过程中遭遇雷暴天气,2 人到山神庙内避雨,遭受雷击造成 2 人死亡,同时有 8 只羊死亡。

(8)2019 年 7 月 5 日,大同市阳高县某村遭受雷击,造成正在锄地的孙某某身亡。

(9)2019 年 7 月 10 日,忻州市五台山遭受雷击,造成 1 人死亡。

(10)2021 年 7 月 8 日,朔州市应县某村 5 名村民出地务农,突遇雷阵雨,途经大树下突遭雷击,致使都出现了不同程度皮肤烧伤,其中 4 人轻微烧伤,1 人重度烧伤。

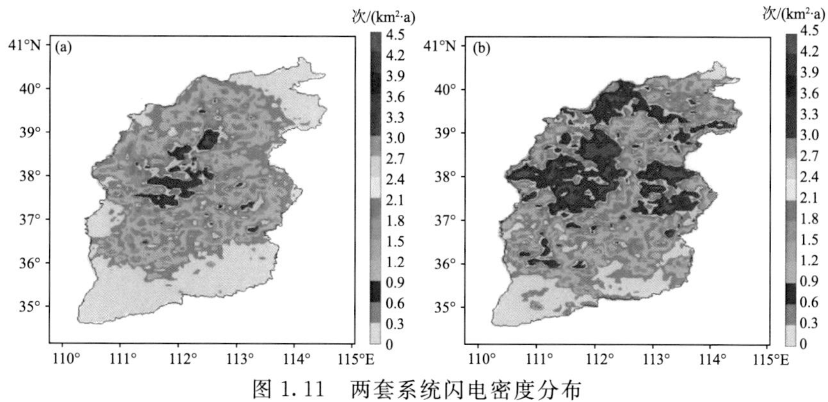

图 1.11　两套系统闪电密度分布

(a)ADTD 系统,(b)三维系统

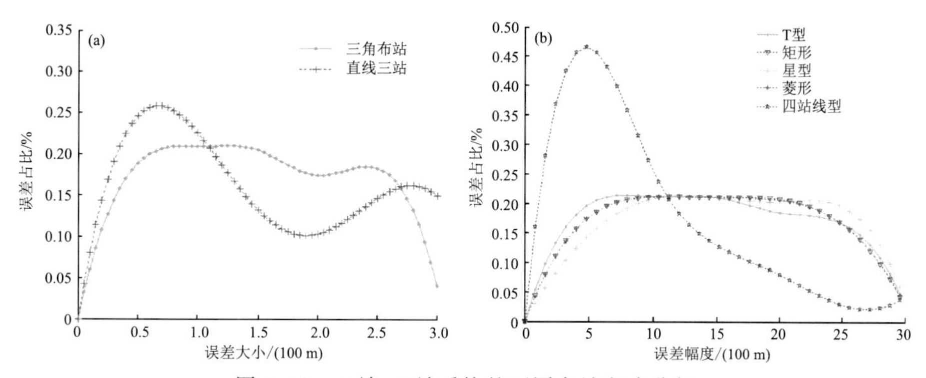

图 1.12　三站、四站系统的不同布站方式分析

(a)倒三角形与三站线型系统,(b)四站线型系统的不同布站方式

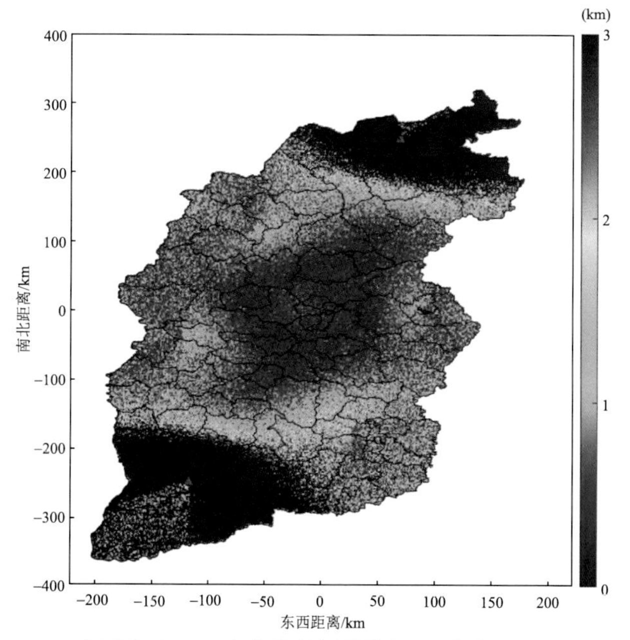

图 1.16　山西省 ADTD 定位误差评估结果(▲代表闪电观测站点)

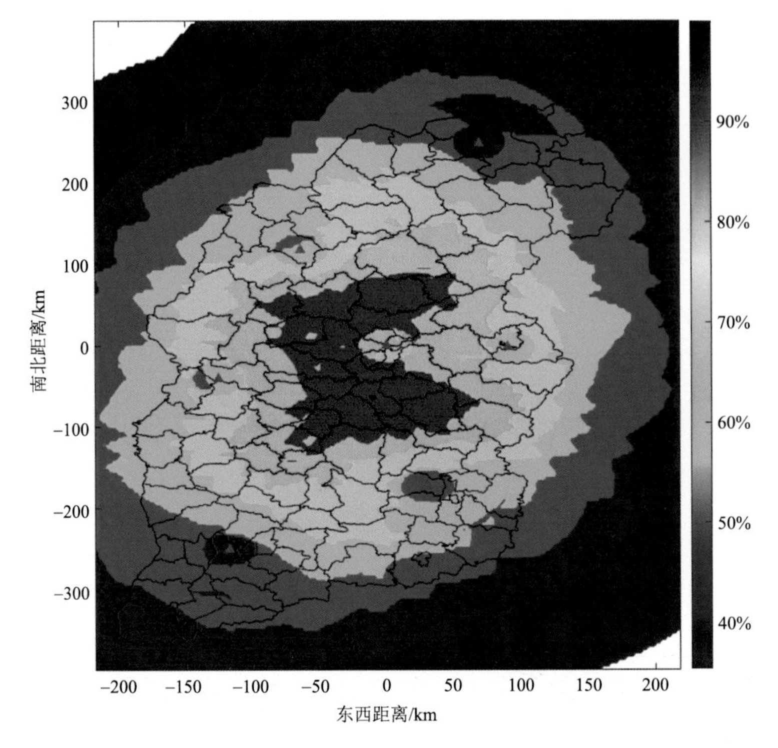

图 1.17　山西省 ADTD 探测效率评估结果

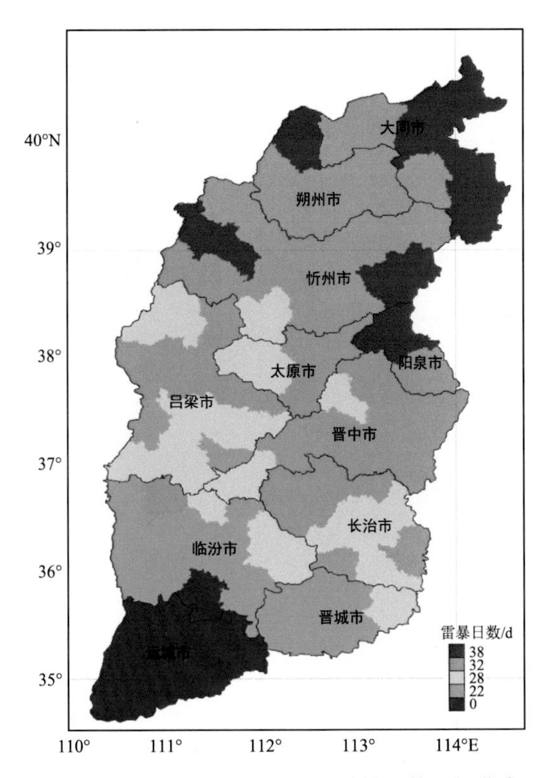

图 2.1　山西省 11 个市年平均雷暴日数空间分布

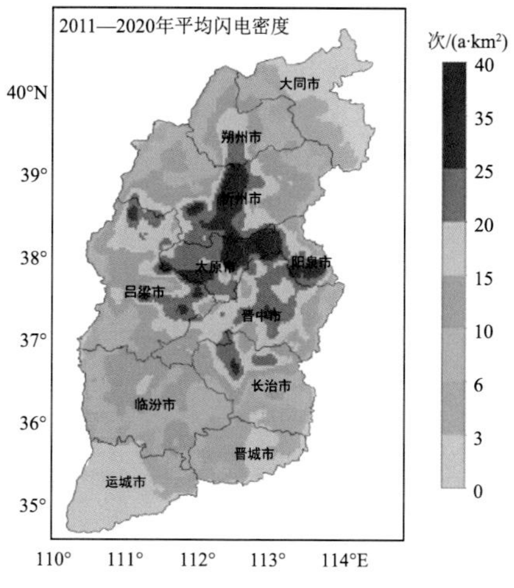

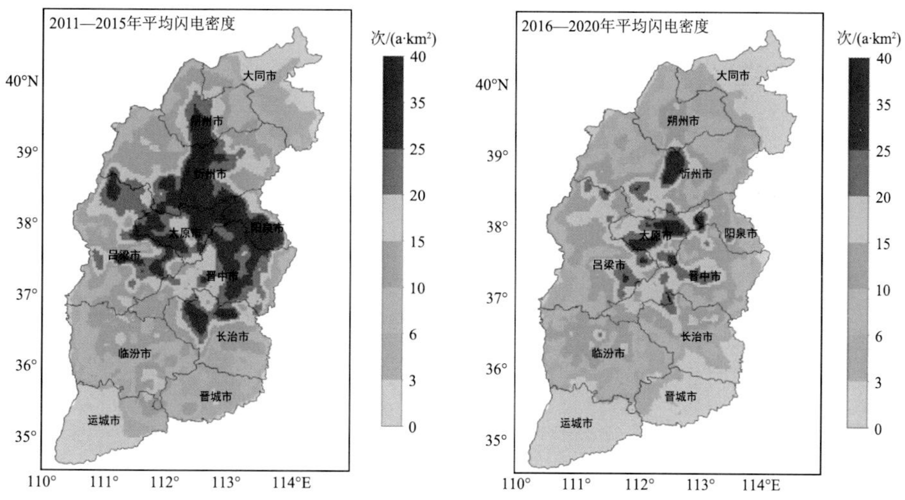

图 2.8　山西省闪电密度分布

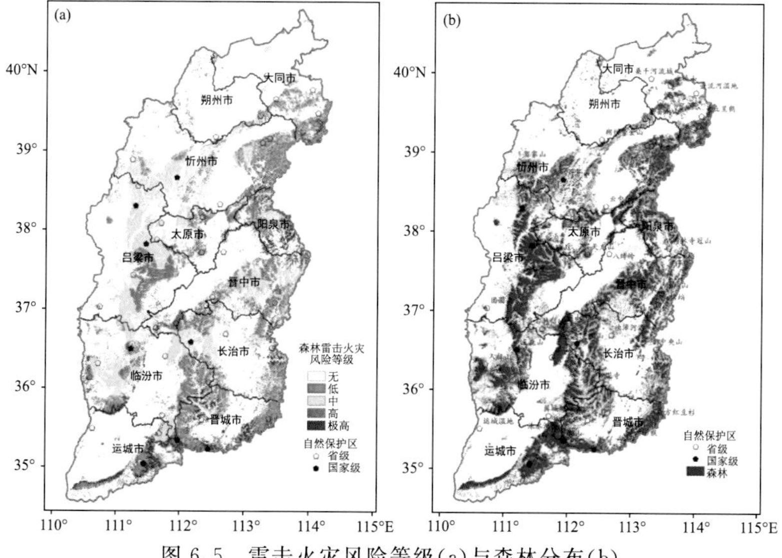

图 6.5　雷击火灾风险等级(a)与森林分布(b)

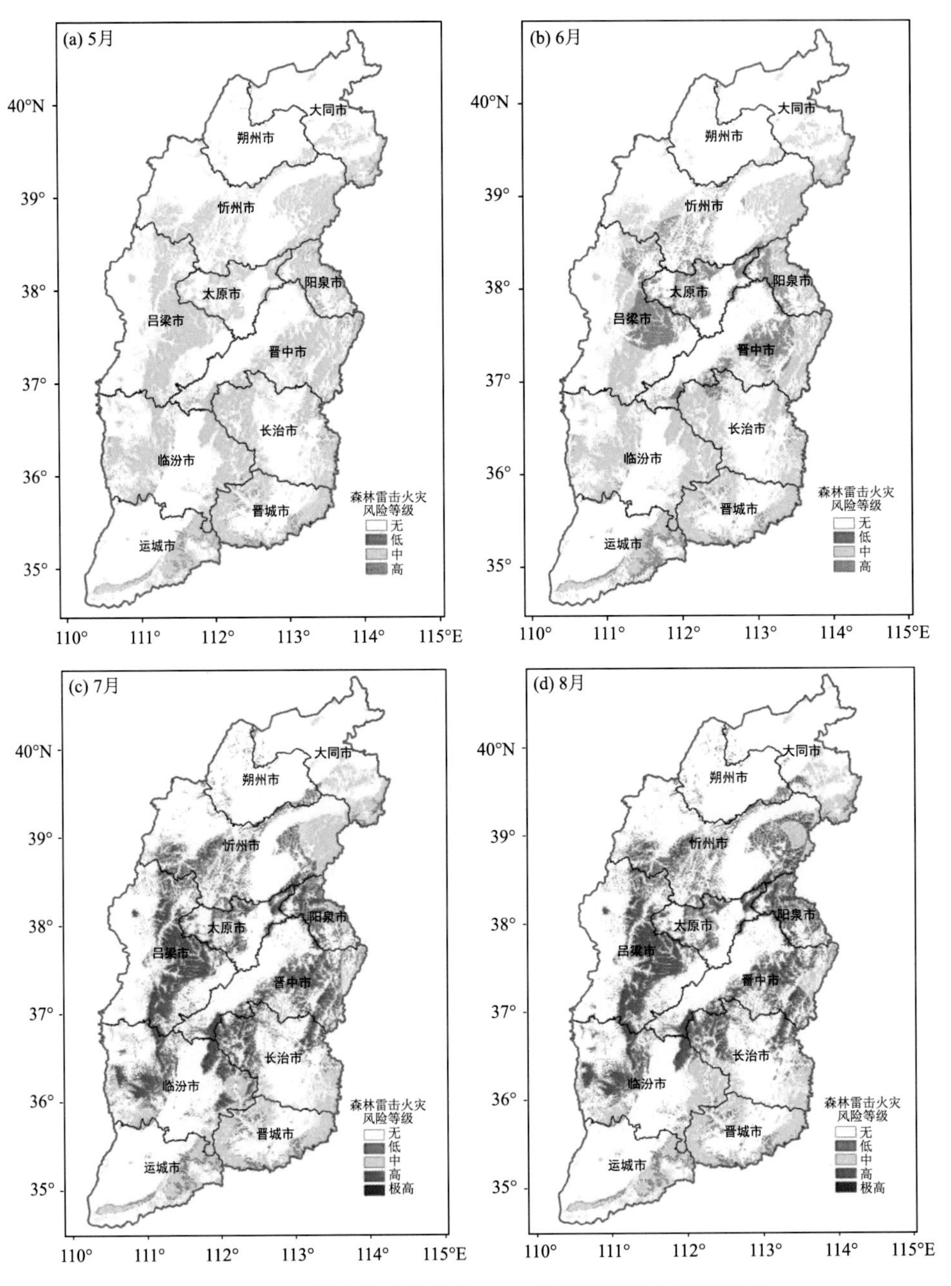

图 6.6　山西省森林雷击火灾 5—8 月风险等级与区域划分